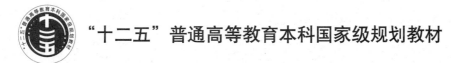

"十二五"普通高等教育本科国家级规划教材

大学计算机基础教育规划教材

高等教育国家级教学成果奖、首批国家精品在线开放课程主讲教材
陕西普通高等学校优秀教材一等奖

C程序设计习题与解析

姜学锋　刘君瑞　汪　芳　编著

清华大学出版社
北京

内 容 简 介

本书是"C++ 程序设计"课程的配套实验教程。全书分为四部分,详细介绍了开发工具的使用方法和程序调试技术。实验内容按课程教材和教学大纲要求设计,分验证型实验和设计型实验,突出综合性实验,并结合算法、数据结构知识设计了部分有一定难度的实验题目。本书还包括课程设计专题实验内容,其目的是使读者能够完成应用程序开发,获取设计 C++ 程序项目的初步知识和工程经验,掌握高级编程技术,为后续专业学习和职业发展打下坚实的实践基础。

本书适合作为高等学校各专业程序设计课程的实验教材,可以独立设课,也可供自学者的学习参考。

本书封面贴有清华大学出版社防伪标签,无标签者不得销售。
版权所有,侵权必究。举报:010-62782989,beiqinquan@tup.tsinghua.edu.cn。

图书在版编目(CIP)数据

C程序设计习题与解析/姜学锋,刘君瑞,汪芳编著. —北京:清华大学出版社,2011.3(2023.8重印)
(大学计算机基础教育规划教材)
ISBN 978-7-302-24942-9

Ⅰ. ①C… Ⅱ. ①姜… ②刘… ③汪… Ⅲ. ①C语言-程序设计-高等学校-解题 Ⅳ. ①TP312-44

中国版本图书馆 CIP 数据核字(2011)第 023893 号

责任编辑:张 民 顾 冰
责任校对:时翠兰
责任印制:宋 林

出版发行:清华大学出版社
    网   址:http://www.tup.com.cn,http://www.wqbook.com
    地   址:北京清华大学学研大厦 A 座 邮 编:100084
    社 总 机:010-83470000 邮 购:010-62786544
    投稿与读者服务:010-62776969,c-service@tup.tsinghua.edu.cn
    质 量 反 馈:010-62772015,zhiliang@tup.tsinghua.edu.cn
印 装 者:三河市君旺印务有限公司
经   销:全国新华书店
开   本:185mm×260mm 印 张:11.75 字 数:266 千字
版   次:2011 年 3 月第 1 版 印 次:2023 年 8 月第16次印刷
定   价:33.00 元

产品编号:041691-03

序

大学计算机基础教育规划教材

  进入21世纪,社会信息化不断向纵深发展,各行各业的信息化进程不断加速。我国的高等教育也进入了一个新的历史发展时期,尤其是高校的计算机基础教育,正在步入更加科学、更加合理、更加符合21世纪高校人才培养目标的新阶段。

  为了进一步推动高校计算机基础教育的发展,教育部高等学校计算机科学与技术教学指导委员会近期发布了《关于进一步加强高等学校计算机基础教学的意见暨计算机基础课程教学基本要求》(以下简称《教学基本要求》)。《教学基本要求》针对计算机基础教学的现状与发展,提出了计算机基础教学改革的指导思想;按照分类、分层次组织教学的思路,《教学基本要求》提出了计算机基础课程教学内容的知识结构与课程设置。《教学基本要求》认为,计算机基础教学的典型核心课程包括:大学计算机基础、计算机程序设计基础、计算机硬件技术基础(微机原理与接口、单片机原理与应用)、数据库技术及应用、多媒体技术及应用、计算机网络技术及应用。《教学基本要求》中介绍了上述六门核心课程的主要内容,这为今后的课程建设及教材编写提供了重要的依据。在下一步计算机课程规划工作中,建议各校采用"1+X"的方案,即:"大学计算机基础"+ 若干必修或选修课程。

  教材是实现教学要求的重要保证。为了更好地促进高校计算机基础教育的改革,我们组织了国内部分高校教师进行了深入的讨论和研究,根据《教学基本要求》中的相关课程教学基本要求组织编写了这套"大学计算机基础教育规划教材"。

  本套教材的特点如下:

  (1) 体系完整,内容先进,符合大学非计算机专业学生的特点,注重应用,强调实践。

  (2) 教材的作者来自全国各个高校,都是教育部高等学校计算机基础课程教学指导委员会推荐的专家、教授和教学骨干。

  (3) 注重立体化教材的建设,除主教材外,还配有多媒体电子教案、习题与实验指导,以及教学网站和教学资源库等。

  (4) 注重案例教材和实验教材的建设,适应教师指导下的学生自主学习的教学模式。

  (5) 及时更新版本,力图反映计算机技术的新发展。

本套教材将随着高校计算机基础教育的发展不断调整,希望各位专家、教师和读者不吝提出宝贵的意见和建议,我们将根据大家的意见不断改进本套教材的组织、编写工作,为我国的计算机基础教育的教材建设和人才培养做出更大的贡献。

"大学计算机基础教育规划教材"丛书主编

教育部高等学校计算机基础课程教学指导委员会副主任委员

冯博琴

前 言

  "C语言程序设计"是理工科院校重要的计算机技术基础课程,学习者对其内容掌握的程度如何,不仅直接影响到后续课程的学习,而且对今后工作将产生重要影响。

  本书是在作者多年的"C语言程序设计"教学实践经验的基础上编写而成的,主要包括三个方面的内容:知识点及考点提炼、经典例题解析以及典型习题及解答。这些内容紧扣该课程教材,同时兼顾了全国计算机等级考试(二级C语言)大纲的要求,对该课程的教授、学习以及考查起到积极的指导和辅助作用。

  本书共分为12章,涵盖了C语言程序设计基础、数据类型与表达式、程序控制结构、函数、预处理命令、数组、指针、自定义数据类型、链表、文件、算法、数据结构等内容。每章的知识点及考点部分提炼出该章的重点和难点内容,为教、学、考提供指导。例题解析部分挑选出每章最具代表性的习题进行详细讲解,目标是通过例题的解析让读者掌握其涵盖的知识点,并能够举一反三。习题及解答部分从作者多年积累的庞大习题库精选出典型习题并给出参考答案,让读者在学习后及时进行练习自查,巩固学习效果。其中部分习题还给出多种参考答案,其目的是让读者在解题时能够多向思维,多角度探索问题的求解方法,在寻求问题最优解的过程中达到对知识的完美掌握及应用。

  本书包括近千道各种类型的试题,其中有选择题、填空题、判断题、简答题、计算题,这五种题型着重于教材中的基本概念、基本语法规则、程序结构等内容,使学习者练习C语言的基础知识;另外程序阅读题、程序判断题、程序填空题这三类题由浅入深提高学习者阅读和理解程序的能力、判断程序错误的能力;而程序设计题,着重训练学习者综合应用C语言编制程序的能力,使其掌握初步的程序设计方法和常用算法的设计思想。

  本书中␣表示空格,↙表示回车。由于篇幅原因,没有将程序设计题的参考程序列写出来,请自行从出版社网站下载,建议读者在Code∷Blocks环境下编程调试。

  本书第2、3、4、6、7和10章由姜学锋编写,第1、5、8、9、11和12章由刘君瑞编写,书中例子和习题程序由汪芳调试通过。全书由姜学锋主编。西北工业大学计算机基础教学的同事们对全书的内容提出了许多宝贵的意见和建议,特别是尹令平教师对本书的讲义版编写给了很大的帮助,使本书更加完善;同时,本书的编写始终得到了各级领导的关心和热情支持,清华大学出版社对本书的出版十分重视并做了周到的安排。在此,对所有鼓励、支持和帮助过本书编写工作的领导、专家、同事和广大读者表示真挚的谢意!

由于时间紧迫以及作者水平有限,书中难免有错误、疏漏之处,恳请读者批评指正。

编 者

2011 年 1 月于西北工业大学

目 录

第 1 章	程序设计基础	1
1.1	选择题	1
1.2	填空题	4
1.3	计算题	5
1.4	简答题	5

第 2 章	数据类型与表达式	6
2.1	选择题	6
2.2	填空题	10
2.3	简答题	10

第 3 章	程序控制结	12
3.1	选择题	12
3.2	填空题	22
3.3	判断题	23
3.4	程序阅读题	23
3.5	程序填空题	27
3.6	程序设计题	34

第 4 章	函数	36
4.1	选择题	36
4.2	填空题	43
4.3	判断题	44
4.4	程序阅读题	45
4.5	程序修改题	49
4.6	程序填空题	50
4.7	程序设计题	52

第 5 章	预处理命令	54
5.1	选择题	54
5.2	判断题	57
5.3	程序阅读题	58
5.4	程序设计题	60

第 6 章 数组 ... 62
- 6.1 选择题 ... 62
- 6.2 填空题 ... 68
- 6.3 程序阅读题 ... 69
- 6.4 程序修改题 ... 75
- 6.5 程序填空题 ... 77
- 6.6 程序设计题 ... 83

第 7 章 组针 ... 85
- 7.1 选择题 ... 85
- 7.2 填空题 ... 97
- 7.3 程序阅读题 ... 98
- 7.4 程序填空题 ... 103
- 7.5 程序设计题 ... 106

第 8 章 自定义数据类型 ... 108
- 8.1 选择题 ... 108
- 8.2 填空题 ... 115
- 8.3 程序阅读题 ... 116
- 8.4 程序填空题 ... 120
- 8.5 程序设计题 ... 121

第 9 章 链表 ... 122
- 9.1 选择题 ... 122
- 9.2 填空题 ... 125
- 9.3 判断题 ... 126
- 9.4 程序阅读题 ... 126
- 9.5 程序填空题 ... 127
- 9.6 程序设计题 ... 129

第 10 章 文件 ... 131
- 10.1 选择题 ... 131
- 10.2 填空题 ... 134
- 10.3 简答题 ... 135
- 10.4 程序阅读题 ... 135
- 10.5 程序填空题 ... 137
- 10.6 程序设计题 ... 139

第 11 章 算法 ... 141
- 11.1 选择题 ... 141
- 11.2 填空题 ... 143
- 11.3 计算题 ... 143
- 11.4 简答题 ... 144

11.5　程序设计题 …………………………………………………………………… 144

第12章　数据结构 …………………………………………………………………… 146

12.1　选择题 ………………………………………………………………………… 146
12.2　填空题 ………………………………………………………………………… 150
12.3　判断题 ………………………………………………………………………… 151
12.4　名词解释 ……………………………………………………………………… 152
12.5　程序阅读题 …………………………………………………………………… 152
12.6　程序填空题 …………………………………………………………………… 153
12.7　程序设计题 …………………………………………………………………… 155

附录A　参考答案 ……………………………………………………………………… 156

参考文献 ………………………………………………………………………………… 174

第1章 程序设计基础

1.1 选择题

1. 通常所说的主机是指（　　）。
   A. CPU
   B. CPU 和内存
   C. CPU、内存与外存
   D. CPU、内存与硬盘
2. "裸机"是指（　　）。
   A. 单片机
   B. 单板机
   C. 不装备任何软件的计算机
   D. 只装备操作系统的计算机
3. CPU 中包含控制器和（　　）。
   A. 运算器
   B. 存储器
   C. 输入设备
   D. 输出设备
4. 下列叙述中正确的是（　　）。
   A. 显示器和打印机都是输出设备
   B. 显示器只能显示字符
   C. 通常的彩色显示器都有 7 种颜色
   D. 打印机只能打印字符和表格
5. 计算机中运算器的作用是（　　）。
   A. 控制数据的输入/输出
   B. 控制主存与辅存间的数据交换
   C. 完成各种算术运算和逻辑运算
   D. 协调和指挥整个计算机系统的操作
6. 在计算机中，一个字长的二进制位数是（　　）。
   A. 8
   B. 16
   C. 32
   D. 随 CPU 的型号而定
7. 在计算机系统中，一个字节的二进制位数为（　　）。
   A. 16
   B. 8
   C. 4
   D. 由 CPU 的型号决定
8. 下列叙述中正确的是（　　）。
   A. 指令由操作数和操作码两部分组成
   B. 常用参数 xxMB 表示计算机的速度
   C. 计算机的一个字长总是等于两个字节
   D. 计算机语言是完成某一任务的指令集
9. 软件与程序的区别是（　　）。
   A. 程序价格便宜、软件价格昂贵
   B. 程序是用户自己编写的，而软件是由厂家提供的

C. 程序是用高级语言编写的,而软件是由机器语言编写的

D. 软件是程序以及开发、使用和维护所需要的所有文档的总称,而程序只是软件的一部分

10. 应用软件是指( )。
   A. 所有能够使用的软件
   B. 能被各应用单位共同使用的某种软件
   C. 所有微机上都应使用的基本软件
   D. 专门为某一应用目的而编制的软件

11. 系统软件中最重要的是( )。
   A. 操作系统   B. 语言处理系统   C. 工具软件   D. 数据库管理系统

12. 切断计算机电源后,存储器中的信息会丢失的是( )。
   A. RAM   B. ROM   C. 软盘   D. 硬盘

13. 计算机的存储器完整的应包括( )。
   A. 软盘、硬盘   B. 磁盘、磁带、光盘
   C. 内存储器、外存储器   D. RAM、ROM

14. 用 8 位无符号二进制数能表示的最大十进制数为( )。
   A. 127   B. 128   C. 255   D. 256

15. 与十进制数 200 等值的十六进制数为( )。
   A. A8   B. A4   C. C8   D. C4

16. 十进制数 127 转换成二进制数是( )。
   A. 11111111   B. 01111111   C. 10000000   D. 11111110

17. 下列数值最大的是( )。
   A. 1100000B   B. 144O   C. 64H   D. 101

18. 若$[x]_{原}$=10000011,则$[x]_{补}$=( )。
   A. 10000011   B. 11111100   C. 01111100   D. 11111101

19. 如果 X 为负数,由$[X]_{补}$求$[-X]_{补}$是将( )。
   A. $[X]_{补}$各值保持不变
   B. $[X]_{补}$符号位变反,其他各位不变
   C. $[X]_{补}$除符号位外,各位变反,末位加 1
   D. $[X]_{补}$连同符号位一起各位变反,末位加 1

20. 若$[x]_{补}$=0.1101010,则$[x]_{原}$=( )。
   A. 1.0010101   B. 1.0010110   C. 0.0010110   D. 0.1101010

21. 某机字长 8 位,含一位数符,采用原码表示,则定点小数所能表示的非零最小正数为( )。
   A. 2^{-9} B. 2^{-8} C. 1   D. 2^{-7}

22. ASCII 码(含扩展)可以用一个字节表示,则可以表示的 ASCII 码值个数为( )。
   A. 1024   B. 256   C. 128   D. 80

23. 英文小写字母 d 的 ASCII 码为 100,英文大写字母 D 的 ASCII 码为( )。
    A. 50   B. 66   C. 52   D. 68
24. 存储 16×16 点阵的一个汉字信息,需要的字节数为( )。
    A. 32   B. 64   C. 128   D. 256
25. 在计算机系统中,存储一个汉字的国标码所需要的字节数为( )。
    A. 1   B. 2   C. 3   D. 4
26. 下列计算机语言中,CPU 能直接识别的是( )。
    A. 自然语言   B. 高级语言   C. 汇编语言   D. 机器语言
27. 可移植性最好的计算机语言是( )。
    A. 机器语言   B. 汇编语言   C. 高级语言   D. 自然语言
28. 要把高级语言编写的源程序转换为目标程序,需要使用( )。
    A. 编辑程序   B. 驱动程序   C. 诊断程序   D. 编译程序
29. 计算机算法指的是( )。
    A. 计算方法   B. 排序方法
    C. 解决问题的有限运算序列   D. 调度方法
30. 计算机算法必须具备输入、输出和( )等 5 个特性。
    A. 可行性、可移植性和可扩充性 B. 可行性、确定性和有穷性
    C. 确定性、有穷性和稳定性   D. 易读性、稳定性和安全性
31. 结构化程序设计所规定的三种基本控制结构是( )。
    A. 输入、处理、输出   B. 树形、网形、环形
    C. 顺序、选择、循环   D. 主程序、子程序、函数
32. 下面选项中不属于面向对象程序设计特征的是( )。
    A. 继承性   B. 多态性   C. 类比性   D. 封装性
33. 以下叙述中正确的是( )。
    A. C 语言比其他语言高级
    B. C 语言可以不用编译就能被计算机识别执行
    C. C 语言以接近英语国家的自然语言和数学语言作为语言的表达形式
    D. C 语言出现的最晚,具有其他语言的一切优点
34. 以下叙述中正确的是( )。
    A. C 程序中注释部分可以出现在程序中任意合适的地方
    B. 花括号"{"和"}"只能作为函数体的定界符
    C. 构成 C 程序的基本单位是函数,所有函数名都可以由用户命名
    D. 分号是 C 语句之间的分隔符,不是语句的一部分
35. C 程序是由( )组成的。
    A. 过程   B. 函数   C. 子程序   D. 主程序和子程序
36. 一个 C 程序的基本结构是( )。
    A. 一个主函数和若干个非主函数   B. 若干个主函数和若干个非主函数
    C. 一个主函数和最多一个非主函数   D. 若干个主函数和最多一个非主函数

37. 用 C 语言编写的文件(　　)。
    A. 可立即执行　　　　　　　　B. 是一个源程序
    C. 经过编译即可执行　　　　　D. 经过编译解释才能执行
38. 以下四个程序中,完全正确的是(　　)。
    A. #include <stdio.h>
       int main();
       { /* programming */
       printf("programming!\n");
       return 0;
       }
    B. #include <stdio.h>
       int main()
       { /* programming */
       printf("programming!\n");
       return 0;
       }
    C. #include <stdio.h>
       void main()
       { /* programming */
       printf("programming!\n");
       return 0;
       }
    D. #include <stdio.h>
       int mian()
       { /* programming */
       printf("programming!\n");
       return 0;
       }
39. C 程序编译时,程序中的注释部分(　　)。
    A. 参加编译,并会出现在目标程序中
    B. 参加编译,但不会出现在目标程序中
    C. 不参加编译,但会出现在目标程序中
    D. 不参加编译,也不会出现在目标程序中
40. 以下叙述中错误的是(　　)。
    A. C 语言源程序经编译后生成后缀为 obj 的目标程序
    B. C 程序经过编译、连接步骤之后才能形成一个真正可执行的二进制机器指令文件
    C. 用 C 语言编写的程序称为源程序,它以 ASCII 代码形式存放在一个文本文件中
    D. C 语言中的每条可执行语句和非执行语句最终都将被转换成二进制的机器指令

1.2 填空题

1. 在 64 位高档微机中,CPU 能同时处理_____个字节的二进制数据。
2. 一个计算机系统包括_____和_____两大部分。
3. 计算机软件可以分为_____软件和_____软件两大类。科学计算程序包属于_____,诊断程序属于_____。
4. 一种用助记符号来表示机器指令的操作符和操作数的语言是_____。
5. 一个 C 程序总是从_____函数开始运行的。

6. C 语言是面向_____的语言,C++ 语言是面向_____的语言。

1.3　计算题

1. 已知某数 X 的原码为 10110100B,试求 X 的补码和反码。
2. 计算 $(-83)_{补}+(-80)_{补}$ 的值,并判断结果是否溢出。

1.4　简答题

1. 冯·诺依曼机模型有哪几个基本组成部分?
2. 列举几种程序设计语言。
3. 常用的算法表示方法有哪些?
4. 简述 C 语言的主要特点。
5. 简要叙述使用 Visual C++ 6.0 编译和运行一个程序的步骤。

第2章 数据类型与表达式

2.1 选择题

1. (　　)是C语言的数据类型说明保留字。
   A. Float　　　　B. signed　　　　C. integer　　　　D. Char
2. 类型修饰符unsigned不能修饰(　　)。
   A. char　　　　B. int　　　　C. long int　　　　D. float
3. 以下选项中(　　)不是合法C语言数据类型。
   A. signed short int　　　　　　B. unsigned long int
   C. unsigned int　　　　　　　　D. long short
4. 下列选项中，均是合法的C语言整型常量的是(　　)。
   A. 160,－0xffff,0011　　　　　B. －0xcdf,01a,0xe
   C. －01,986,012,0668　　　　　D. －0x48a,2e5,0x
5. C语言中将－8赋值给无符号字符型，则它的内存数据形式为(　　)。
   A. 11111000　　B. 10001000　　C. 00001000　　D. 11110111
6. 下列选项中，均是合法的C语言实型常量的是(　　)。
   A. ＋1e＋1,5e－9.4,03e2　　　B. －.60,12e－4,－8e5
   C. 123e,1.2e－.4,＋2e－1　　　D. －e3,.8e－4,5.e－0
7. 设char a＝'\70';则变量a(　　)。
   A. 包含1个字符　　　　　　　　B. 包含2个字符
   C. 包含3个字符　　　　　　　　D. 说明不合法
8. (　　)是非法的C语言转义字符。
   A. '\b'　　　　B. '\0xf'　　　　C. '\037'　　　　D. '\"'
9. 以下选项中(　　)不是C语言常量。
   A. e－2　　　　B. 012　　　　C. "a"　　　　D. '\n'
10. 以下不是C语言支持的存储类别的是(　　)。
    A. auto　　　　B. static　　　　C. dynamic　　　　D. register
11. 在以下各组标识符中，合法的C语言标识符是①(　　)、②(　　)、③(　　)。

① A. B01　　　　B. table_1　　　　C. 0_t　　　　　D. k%
　　　Int　　　　　t*.1　　　　　　W10　　　　　　point
② A. Fast_　　　B. void　　　　　C. pbl　　　　　D. <book>
　　　Fast＋Big　　abs　　　　　　 fabs　　　　　　beep
③ A. xy_　　　　B. longdouble　　C. *p　　　　　　D. CHAR
　　　变量1　　　　signed　　　　　history　　　　　 Flaut

12. 以下叙述中错误的是(　　)。
　　A. C语言的标识符允许使用保留字
　　B. C语言的标识符应尽量做到"见其名知其意"
　　C. C语言的标识符必须以字母或下划线开头
　　D. C语言的标识符中,大、小写字母代表不同标识

13. 下面不属于C语言保留字的是(　　)。
　　A. char　　　　B. while　　　　C. typedef　　　　D. look

14. 已定义ch为字符型变量,以下赋值表达式中错误的是(　　)。
　　A. ch='\'　　　B. ch=62+3　　　C. ch=NULL　　　　D. ch='\xaa'

15. 已知short x=0xabcde;则x的结果是(　　)。
　　A. 赋值非法　　B. 不确定　　　　C. abcd　　　　　D. bcde

16. 下列变量定义及赋初值中,合法的是(　　)。
　　A. short _a=1－.1e－1;　　　　　B. double b=1+5e2.5;
　　C. long do=0xfdaL;　　　　　　　D. float 2_and=1－e－3;

17. 假设某表达式中包含int、long、unsigned、char类型的数据,则表达式最后的运算结果是(　　)类型。
　　A. int　　　　B. long　　　　　C. unsigned　　　　D. char

18. 在C语言中,要求参加运算的数必须是整数的运算符是(　　)。
　　A. /　　　　　B. *　　　　　　 C. %　　　　　　　D. =

19. 下列运算符中,优先级最高的是(　　)。
　　A. ()　　　　 B. %　　　　　　 C. ++　　　　　　 D. ,

20. 若int k=7,x=12;则值为3的表达式是(　　)。
　　A. x%=(k%=5)　　　　　　　　　　B. x%=(k－k%5)
　　C. x%=k－k%5　　　　　　　　　　D. (x%=k)－(k%=5)

21. 对于语句:f=(3.0,4.0,5.0),(2.0,1.0,0.0);的判断中,(　　)是正确的。
　　A. 语法错误　　B. f为5.0　　　　C. f为0.0　　　　D. f为2.0

22. 设变量n为float类型,m为int型,则表达式(　　)能实现将n中的数值保留小数点后两位,第三位进行四舍五入运算。
　　A. n=(n*100+0.5)/100.0　　　　　B. m=n*100+0.5,n=m/100.0
　　C. n=n*100+0.5/100.0　　　　　　D. n=(n/100+0.5)*100.0

23. 假定有变量定义:int k=6,x=12;则能使x、k值为5、6的表达式是(　　)。
　　A. x%=++k%10　　　　　　　　　　B. x%=k+k%5

C. x-=++k%5   D. x-=k++%5

24. 若变量a为int类型,且其值为3,则执行表达式a+=a-=a*a后,a的值是(　　)。
　　A. -3　　　B. 9　　　C. -12　　　D. 6

25. 表达式3.6-5/2+1.2+5%2的值是(　　)。
　　A. 4.3　　　B. 4.8　　　C. 3.3　　　D. 3.8

26. 关于C程序在作逻辑运算时判断操作数真、假的表述中,正确的是(　　)。
　　A. 0为假,非0为真　　　B. 只有1为真
　　C. -1为假,1为真　　　D. 0为真,非0为假

27. 关于C程序关系运算、逻辑运算后得到的逻辑值的表述中,正确的是(　　)。
　　A. 假为0,真为随机的一个非0值　　　B. 假为0,真为1
　　C. 假为-1,真为1　　　D. 假为0,真为不确定的值

28. 下列运算符中,优先级从高到低依次为(　　)。
　　A. && ! ||　　　B. || && !
　　C. && || !　　　D. ! && ||

29. 设int a=1,b=2,c=3,d=4,m=2,n=2;执行(m=a>b)&&(n=c>d)后n的值为(　　)。
　　A. 1　　　B. 2　　　C. 3　　　D. 4

30. 设int i=10;表达式30-i<=i<=9的值是(　　)。
　　A. 0　　　B. 1　　　C. 9　　　D. 20

31. 设int a=0,b=0,m=0,n=0;则执行(m=a==b)||(n=b==a)后m和n的值是(　　)。
　　A. 0,0　　　B. 0,1　　　C. 1,0　　　D. 1,1

32. 表达式!x等效于(　　)。
　　A. x==1　　　B. x==0　　　C. x!=1　　　D. x!=0

33. 设int a=1,b=2,c=4;经过表达式(c=a!=b)&&(a==b)&&(c=b)运算后,a,b和c的值分别是(　　)。
　　A. 1,2,0　　　B. 1,2,1　　　C. 1,2,2　　　D. 1,2,3

34. 已有定义int x=3,y=4,z=5;则表达式!(x+y)+z-1&&y+z/2的值是(　　)。
　　A. 6　　　B. 2　　　C. 1　　　D. 0

35. 以下选项中非法的表达式是(　　)。
　　A. 0<=x<100　　　B. i=j==0
　　C. (char)(x<100)　　　D. x+1=x+1

36. 若有int i=5,j=4,k=6;float f;执行语句f=(i<j&&j<k)?i:(j<k)?j:k;后f的值为(　　)。
　　A. 4.0　　　B. 5.0　　　C. 6.0　　　D. 7.0

37. 设int m1=5,m2=3;表达式m1>m2?(m1=1):(m2=-1)运算后,m1和m2

的值分别是(　　)。

A. 1和3　　　　B. 1和-1　　　　C. 5和-1　　　　D. 5和3

38. sizeof(long)的值是(　　)。

A. 1　　　　B. 2　　　　C. 3　　　　D. 4

39. 若变量已正确定义并赋值,下面符合C语言语法的表达式是(　　)。

A. a:=b+1　　　　　　　　　　　B. a=b=c+2

C. int(18.5%3)　　　　　　　　　D. a=a+7=c+b

40. 以下变量定义和赋初值错误的是(　　)。

A. int n1=n2=10;　　　　　　　B. char c=32;

C. float f=3*100+2.2;　　　　　D. double x=12.3E2;

41. 以下运算符优先级最低的是(　　)。

A. &&　　　　B. &　　　　C. ||　　　　D. |

42. 以下叙述中错误的是(　　)。

A. 表达式 a&=b 等价于 a=a&b　　　B. 表达式 a|=b 等价于 a=a|b

C. 表达式 a∧=b 等价于 a=a∧b　　　D. 表达式 a!=b 等价于 a=a!b

43. 表达式 0x13^0x17 的值是(　　)。

A. 0x04　　　　B. 0x13　　　　C. 0xe8　　　　D. 0x17

44. 若有定义 int x=2,y=3;则 x & y 的值是(　　)。

A. 0　　　　B. 2　　　　C. 3　　　　D. 5

45. 在位运算中,操作数每右移一位,其结果相当于(　　)。

A. 操作数乘以2　　　　　　　　B. 操作数除以2

C. 操作数除以4　　　　　　　　D. 操作数乘以4

46. 若有定义 char c1=92,c2=92;则以下表达式中值为零的是(　　)。

A. ~c2　　　　B. c1&c2　　　　C. c1^c2　　　　D. c1|c2

47. 设 x、y、u、v 均为浮点型,与数学公式 $\frac{x \times y}{u \times v}$ 不等价的C语言表达式是(　　)。

A. x*y/u*v　　　　　　　　　　B. x*y/u/v

C. x*y/(u*v)　　　　　　　　　D. x/(u*v)*y

48. 若变量 a、b 已经正确定义并赋值,符合C语言语法的表达式是(　　)。

A. a^2+b　　　B. a*a+b　　　C. a×a+b　　　D. a·a+b

49. 以下不能正确计算数学公式 $\frac{\sin^2 0.5}{3}$ 值的C语言表达式是(　　)。

A. 1/3*sin(1/2)*sin(1/2)　　　　B. sin(0.5)*sin(0.5)/3

C. pow(sin(0.5),2)/3　　　　　　D. 1/3.0*pow(sin(1.0/2),2)

50. 若 x 和 y 为整型数,以下表达式中不能正确表示数学关系|x-y|<10 的是(　　)。

A. abs(x-y)<10　　　　　　　　B. x-y>-10 && x-y<10

C. !(x-y)<-10 || !(y-x)>10　　　D. (x-y)*(x-y)<100

2.2 填空题

1. 一个 char 数据在内存中所占字节数为_____，其数值范围为_____；一个 short 数据在内存中所占字节数为_____，其数值范围为_____；一个 long 数据在内存中所占字节数为_____，其数值范围为_____；一个 float 数据在内存中所占字节数为_____，其数值范围为_____。

2. 若有运算符<<,sizeof,∧,&=，则按优先级由高到低排列为_____。

3. 设有 char a,b；若要通过 a&b 运算屏蔽掉 a 中的其他位，只保留第 1 和第 7 位（右起为第 0 位），则 b 的二进制数是_____。

4. 测试 char 型变量 a 第五位是否为 1 的表达式是_____。

5. 把 int 型变量 low 中的低字节及 int 型变量 high 中的高字节放入 int 型变量 s 中的表达式是_____。

6. 若 x＝0123，则表达式(5+(int)(x))&(~2)的值是_____。

7. 表达式((4|1)&3)的值是_____。

8. 表达式 10<<3+1 的值是_____。

9. 已知 A＝7.5,B＝2,C＝3.6，表达式 A>B && C>A || A<B && !C>B 的值是_____。

10. 设 int a＝－3,b＝7,c＝－1；则执行(a==0)&&(a=a%b<b/c)后变量 a 的值是_____。

11. 写出数学公式

$$y = \begin{cases} 2x, & x \leq -5 \\ 0, & -5 < x < 5 \\ -7x, & x \geq 5 \end{cases}$$

的 C 语言表达式_____。

12. 写出条件"y 能被 4 整除但不能被 100 整除，或 y 能被 400 整除也能被 100 整除"的 C 语言表达式_____。

13. 已知 x、y 分别为 a、b、c 中的最大值和最小值，求 a、b、c 中中间值的 C 语言表达式为_____。

14. 判断整型变量 n 是否是负的偶数的 C 语言表达式为_____。

15. 判断变量 a、b、c 的值是否是一个等差数列中连续三项的 C 语言表达式为_____。

2.3 简答题

1. 有程序段：int m＝12；m＝15；为什么整型变量 m 的值在运行后不是当初的 12，而是 15？

2. 为什么 C 语言的字符型可以进行数值运算？

3. 设 short a＝32767，为什么 a 加 1 后的结果不是 32768，而是－32768？

4. 为什么应避免将一个很大的实数与一个很小的实数直接相加或相减？

5. 以下数值分别赋给不同类型的变量，请写出赋值后数据在内存中的存储形式（十六进制）。

变量的类型	12345	－1	32769	－128	255	789
int 型(16 位)						
long 型(32 位)						
char 型(8 位)						

6. 变换两个变量的值，不借助于额外的存储空间，都有哪些方法？

第 3 章

程序控制结构

3.1 选择题

1. 以下叙述中错误的是(　　)。
   A. C 语句必须以分号结束
   B. 空语句出现在任何位置都不会影响程序运行
   C. 复合语句在语法上被看做一条语句
   D. 赋值表达式末尾加分号就构成赋值语句
2. 以下叙述中正确的是(　　)。
   A. 调用 printf 函数时,必须要有输出项
   B. 使用 putchar 函数时,必须在之前包含头文件 stdio.h
   C. 在 C 语言中,整数可以以多种进制例如十二进制、八进制或十六进制的形式输出
   D. 调用 getchar 函数读入字符时,可以从键盘上输入字符所对应的 ASCII 码值
3. 有以下程序段:

   ```
   char c1='1',c2='2';
   c1=getchar();c2=getchar();
   putchar(c1); putchar(c2);
   ```

   运行时从键盘上输入:a↙ 后,以下叙述中正确的是(　　)。
   A. 变量 c1 被赋予字符 a,c2 被赋予回车符
   B. 程序将等待用户输入第 2 个字符
   C. 变量 c1 被赋予字符 a,c2 中仍是原有字符'2'
   D. 变量 c1 被赋予字符 a,c2 中将无确定值
4. 已知如下定义和输入语句,若要求 a1、a2、c1、c2 的值分别为 10、20、A 和 B,当从第一列开始输入数据时,正确的数据输入方式是(　　)。

   ```
   int a1,a2;char c1,c2;
   scanf("%d%d",&a1,&a2);
   scanf("%c%c",&c1,&c2);
   ```

A. 1020AB ✓   B. 10␣20 ✓
                                 AB ✓

C. 10␣20␣AB ✓   D. 10␣20AB ✓

5. 有输入语句：scanf("a=%d,b=%d,c=%d",&a,&b,&c);为使变量 a 的值为 1,b 的值为 3,c 的值为 2,正确的数据输入方式是( )。

    A. 132 ✓   B. 1,3,2 ✓

    C. a=1␣b=3␣c=2 ✓   D. a=1,b=3,c=2 ✓

6. 若定义 x 为 double 型变量,则能正确输入 x 值的语句是( )。

    A. scanf("%f",x);   B. scanf("%f",&x);

    C. scanf("%lf",&x);   D. scanf("%5.1f",&x);

7. 若定义了 short a=32768;执行语句 printf("a=%d",a);后的输出结果是( )。

    A. a=−32768   B. a=−1

    C. a=32768   D. 数据类型不一致,出错

8. 下面程序段执行后的输出结果是( )。

```
char x=0xFFFF;
printf("%d",x--);
```

    A. −32767   B. FFFE   C. −1   D. −32768

9. 在 Visual C++ 6.0 中,执行语句 printf("%x",−1);后的输出结果是( )。

    A. −1   B. 1   C. −ffffffff   D. ffffffff

10. 下面程序段执行后的输出结果是( )。

```
float x=-1023.012;
printf("%8.3f,",x);
printf("%10.3f",x);
```

    A. 1023.012,−1023.012   B. −1023.012,−1023.012

    C. 1023.012,␣−1023.012   D. −1023.012,␣−1023.012

11. 下面程序段执行后的输出结果是( )。

```
int x=13,y=5;
printf("%d",x%=(y/=2));
```

    A. 3   B. 2   C. 1   D. 0

12. 下面程序段执行后的输出结果是( )。

```
int x='f';
printf("%c",'A'+(x-'a'+1));
```

    A. G   B. H   C. I   D. J

13. 设 int a=1234;执行语句 printf("%2d",a);后的输出结果是( )。

    A. 12   B. 34   C. 1234   D. 出错

14. 设 int a=7,b=8;执行语句 printf("%d,%d",(a+b,a),(b,a+b));后的输出

结果是( )。

  A. 出错   B. 8,15   C. 15,7   D. 7,15

15. 执行语句 printf("a\bre\'hi\'y\\\bou"); 后的输出结果是( )。

  A. abre'hi'ybou   B. a\bre\'hi\'y\\\bou

  C. re'hi'you   D. abre'hi'y\bou

16. 下面程序段执行后的输出结果是( )。

```
int x=102,y=012;
printf("%2d,%2d",x,y);
```

  A. 10,01   B. 02,12   C. 102,10   D. 102,12

17. 下面程序段执行后的输出结果是( )。

```
int m=0256,n=256;
printf("%o␣%o",m,n);
```

  A. 0256␣0400   B. 0256␣256   C. 256␣400   D. 400␣400

18. 下面程序段执行后的输出结果是( )。

```
int a; char c=10; float f=100.0; double x;
a=f/=c*=(x=6.5);
printf("%d␣%d␣%3.1f␣%3.1f",a,c,f,x);
```

  A. 1␣65␣1␣6.5   B. 1␣65␣1.5␣6.5

  C. 1␣65␣1.0␣6.5   D. 2␣65␣1.5␣6.5

19. 下面程序段执行后的输出结果是( )。

```
char a='1',b='2';
printf("%c,",b++); printf("%d",b-a);
```

  A. 3,2   B. 2,2   C. 50,2   D. 2,50

20. 下面程序段运行时从键盘上输入：12345678↙,其输出结果是( )。

```
int a,b;
scanf("%2d%*2d%3d",&a,&b);
printf("%d",a+b);
```

  A. 46   B. 579   C. 5690   D. 出错

21. C 语言对嵌套 if 语句的规定是 else 总是与( )配对。

  A. 之前最近的尚未配对的 if   B. 第一个 if

  C. 缩进位置相同的 if   D. 最前面的 if

22. "if(表达式)"中的"表达式"( )。

  A. 只能是逻辑表达式   B. 只能是关系表达式

  C. 只能是算术表达式   D. 以上三种都可以

23. 对于下面程序,( )是正确的判断。

```
1    #include <stdio.h>
```

```
2   int main()
3   {   int x,y;
4       scanf("%d%d",&x,&y);
5       if (x>y)
6           x=y;y=x;
7       else
8           x++;y++;
9       printf("%d,%d",x,y);
10      return 0;
11  }
```

A. 有语法错误,不能通过编译   B. 若输入 3 和 4,则输出 4 和 5

C. 若输入 4 和 3,则输出 3 和 4   D. 若输入 4 和 3,则输出 4 和 5

24. 对于下面程序段,(　　)是正确的判断。

```
int x=0,y=0,z=0;
if(x=y+z) printf("***");
else printf("###");
```

A. 有语法错误,不能通过编译

B. 输出:***

C. 可以编译,但不能通过连接,所以不能运行

D. 输出:###

25. 若 a＝1,b＝3,c＝5,d＝4,则执行下面程序段后 x 的值是(　　)。

```
if(a<b)
    if(c<d)x=1;
    else
        if(a<c)
            if(b<d)x=2;
            else x=3;
        else x=6;
else x=7;
```

A. 1   B. 2   C. 3   D. 4

26. 与 y＝(x＞0 ? 1：x＜0 ? －1:0);的功能相同的 if 语句是(　　)。

A. y＝0;
    if(x＞＝0)
        if(x＞0)y＝1;
        else y＝－1;

B. if(x)
        if(x＞0)y＝1;
        else if(x＜0)y＝－1;
        else y＝0;

C. y＝－1;
    if(x)
        if(x＞0)y＝1;
        else if(x＝＝0)y＝0;
        else y＝－1;

D. if(x＞0)y＝1;
    else if(x＜0)y＝－1;
    else y＝0;

27. 下面程序段表示的算术表达式为（　　）。

```
if(a<b){if(c==d)x=1;}
else x=2;
```

A. $x=\begin{cases}1, & a<b \text{ 且 } c=d \\ 2, & a\geqslant b \text{ 且 } c\neq d\end{cases}$
B. $x=\begin{cases}1, & a<b \text{ 且 } c=d \\ 2, & a\geqslant b\end{cases}$
C. $x=\begin{cases}1, & a<b \text{ 且 } c=d \\ 2, & a<b \text{ 且 } c\neq d\end{cases}$
D. $x=\begin{cases}1, & a<b \text{ 且 } c=d \\ 2, & c\neq d\end{cases}$

28. 下面程序执行后的输出结果是（　　）。

```
1    #include <stdio.h>
2    int main()
3    {  int x=1,y=0,a=0,b=0;
4       switch(x){
5       case 1: switch (y){
6           case 0: a++;break;
7           case 1: b++;break;
8           }
9       case 2: a++;b++;break;
10      case 3: a++;b++;
11      }
12      printf("a=%d,b=%d",a,b);
13      return 0;
14   }
```

A. a=1,b=0　　　B. a=2,b=1　　　C. a=1,b=1　　　D. a=2,b=2

29. 若 int i=10;执行下面程序段后,变量 i 的值是（　　）。

```
switch (i){
        case  9: i+=1;
        case 10: i+=1;
        case 11: i+=1;
        default: i+=1;
}
```

A. 10　　　　　B. 11　　　　　C. 12　　　　　D. 13

30. 若 int i=1;执行下面程序段后,变量 i 的值是（　　）。

```
switch (i) {
        case '1': i+=1;
        case '2': i+=1;
        case '3': i+=1;
        default : i+=1;
}
```

A. 2　　　　　B. 3　　　　　C. 4　　　　　D. 5

31. 若有定义:float w;int a,b;则合法的switch语句是(　　)。

   A. switch(w)
      { case 1.0:printf("*\n");
        case 2.0:printf("**\n");
      }

   B. switch(a);
      { case 1:printf("*\n");
        case 2:printf("**\n");
      }

   C. switch(b)
      { case 1:printf("*\n");
        default:printf("\n");
        case 1+2:printf("**\n");
      }

   D. switch(a+b);
      { case 1:printf("*\n");
        case 2:printf("**\n");
        default:printf("\n");
      }

32. 无条件转移语句的一般形式是:goto 语句标号;其中的语句标号可以是(　　)。

   A. 整型数　　　B. 标识符　　　C. 保留字　　　D. 实型数

33. 有以下程序段:

    ```
    int k=2;
    while(k=0){ printf("%d",k);k--;}
    ```

    则下面描述中正确的是(　　)。

    A. while 循环执行 10 次　　　　　B. 循环是无限循环
    C. 循环体语句一次也不执行　　　D. 循环体语句执行一次

34. 下面程序段执行后的输出结果是(　　)。

    ```
    int a=1,b=2,c=3,t;
    while(a<b<c){t=a;a=b;b=t;c--;}
    printf("%d,%d,%d",a,b,c);
    ```

    A. 1,2,0　　　B. 2,1,0　　　C. 1,2,1　　　D. 2,1,1

35. 下面程序段执行后的输出结果是(　　)。

    ```
    1  #include <stdio.h>
    2  int main()
    3  { int x=0,y=5,z=3;
    4    while(z-->0&&++x<5) y=y-1;
    5    printf("%d,%d,%d",x,y,z);
    6    return 0;
    7  }
    ```

    A. 3,2,0　　　B. 3,2,-1　　　C. 4,3,-1　　　D. 5,-2,-5

36. 下面程序的功能是从键盘输入一组字符,从中统计大写字母和小写字母的个数,选择(　　)填入到【】中。

    ```
    1  #include <stdio.h>
    2  int main()
    3  { int m=0,n=0;char c;
    4    while((【　　】)!='\n'){
    ```

```
5        if(c>='A' && c<='Z')m++;
6        if(c>='a' && c<='z')n++;
7    }
8    return 0;
9 }
```

A. c=getchar() B. getchar()
C. c==getchar() D. scanf("%c",&c)

37. 语句 while(!E){…}；中的表达式!E 等价于（　　）。

A. E==0 B. E!=1 C. E!=0 D. E==1

38. 下面程序段运行时从键盘上输入：2473↙,其输出结果是（　　）。

```
1  #include <stdio.h>
2  int main()
3  {  int c;
4     while((c=getchar())!='\n')
5        switch(c-'2') {
6           case 0:
7           case 1: putchar(c+4);
8           case 2: putchar(c+4);break;
9           case 3: putchar(c+3);
10          default: putchar(c+2);break;
11       }
12    printf("\n");
13    return 0;
14 }
```

A. 668977　　B. 668966　　C. 66778777　　D. 6688766

39. 下面程序段中 while 循环的循环次数是（　　）。

```
int i=0;
while (i<10){
    if(i<1)continue;
    if(i==5)break;
    i++;
}
```

A. 1 B. 10
C. 6 D. 死循环,不能确定次数

40. 以下程序段（　　）。

```
x=-1;
do
   {x=x*x;}
while(!x);
```

A. 是死循环　　　　　　　　　B. 循环执行 2 次

C. 循环执行 1 次　　　　　　　D. 有语法错误

41. 以下叙述正确的是(　　)。

A. do-while 语句构成的循环不能用其他语句构成的循环来代替

B. do-while 语句构成的循环只能用 break 语句退出

C. 用 do-while 语句构成的循环,在 while 后的表达式为非零时结束循环

D. 用 do-while 语句构成的循环,在 while 后的表达式为零时结束循环

42. 有以下程序段:

```
int n=0,p;
do {scanf("%d",&p);n++;} while(p!=12345 && n<3);
```

此处 do-while 循环的结束条件是(　　)。

A. p 的值不等于 12345 并且 n 的值小于 3

B. p 的值等于 12345 并且 n 的值大于等于 3

C. p 的值不等于 12345 或者 n 的值小于 3

D. p 的值等于 12345 或者 n 的值大于等于 3

43. 下面程序执行后的输出结果是(　　)。

```
1  #include <stdio.h>
2  int main()
3  { char c='A';int k=0;
4    do {
5      switch(c++){
6        case 'A': k++;break;
7        case 'B': k--;
8        case 'C': k+=2;break;
9        case 'D': k%=2;continue;
10       case 'E': k*=10;break;
11       default: k/=3;
12     }
13     k++;
14   } while (c<'G');
15   printf("k=%d",k);
16   return 0;
17 }
```

A. k=3　　　　B. k=4　　　　C. k=2　　　　D. k=0

44. 下面 for 循环语句(　　)。

```
int i,k;
for (i=0,k=-1;k=1;i++,k++) printf("***");
```

A. 判断循环结束的条件非法　　　B. 是无限循环

C. 只循环一次　　　　　　　　　D. 一次也不循环

45. 下面程序执行后的输出结果是(　　)。

```
1  #include <stdio.h>
2  int main()
3  {  int x=9;
4     for(;x>0;x--){
5        if(x%3==0){
6           printf("%d",--x);
7           continue;
8        }
9     }
10    return 0;
11 }
```

  A. 741　　　　　B. 852　　　　　C. 963　　　　　D. 875421

46. 下面程序段的循环次数是(　　)。

```
for(i=2;i==0;)printf("%d",i--);
```

  A. 无限次　　　B. 0次　　　　C. 1次　　　　D. 2次

47. 下面程序执行后的输出结果是(　　)。

```
1  #include <stdio.h>
2  int main()
3  {  int i,sum;
4     for(i=1;i<6;i++)sum+=i;
5     printf("%d",sum);
6     return 0;
7  }
```

  A. 不确定　　　B. 0　　　　　C. 14　　　　　D. 15

48. 若有以下程序段,其中 s、a、b、c 均已定义为整型变量,且 a、c 均已赋值(c 大于 0)

```
s=a;
for(b=1;b<=c;b++)s=s+1;
```

  则与上述程序段功能等价的赋值语句是(　　)。

  A. s＝a＋b;　　B. s＝a＋c;　　C. s＝s＋c;　　D. s＝b＋c;

49. 下面程序执行后的输出结果是(　　)。

```
1  #include <stdio.h>
2  int main()
3  {  int i=0,s=0;
4     for(;;){
5        if(i==3||i==5)continue;
6        if(i==6)break;
7        i++;s+=i;
8     };
```

```
9       printf("%d",s);
10      return 0;
11  }
```

A. 10 B. 13 C. 21 D. 死循环

50. 下面程序执行后的输出结果是(　　)。

```
1   #include <stdio.h>
2   int main()
3   {   int a=0,i;
4       for(i=1;i<5;i++)
5           switch(i){
6               case 0:
7               case 3:a+=2;
8               case 1:
9               case 2:a+=3;
10              default:a+=5;
11          }
12      printf("%d",a);
13      return 0;
14  }
```

A. 31 B. 13 C. 10 D. 20

51. 若变量已正确定义,不能完成求5!的计算的程序段是(　　)。
   A. for(i=1,p=1;i<=5;i++) p*=i;
   B. for(i=1;i<=5;i++){ p=1; p*=i;}
   C. i=1;p=1;while(i<=5){p*=i; i++;}
   D. i=1;p=1;do{p*=i; i++; }while(i<=5);

52. 下面程序段中,(　　)与其他三个程序段的作用不同。
   A. k=1;
      while(1){
          s+=k;
          k=k+1;
          if(k>100)break;
      }
      printf("%d",s);
   B.   k=1;
         Repeat：
         s+=k;
         if(++k<=100)
            goto Repeat
         printf("%d",s);
   C. int k,s=0;
      for(k=1;k<=100;s+=++k);
      printf("%d",s);
   D.   k=1;
         do
            s+=k;
         while(++k<=100);
         printf("%d",s);

53. 下面程序执行后的输出结果是(　　)。

```
1   #include <stdio.h>
2   int main()
3   {   int k=0,m=0,i,j;
4       for(i=0;i<2;i++){
5           for(j=0;j<3;j++)k++;
6           k-=j;
7       }
8       m=i+j;
9       printf("k=%d,m=%d",k,m);
10      return 0;
11  }
```

      A．k＝0,m＝3   B．k＝0,m＝5   C．k＝1,m＝3   D．k＝1,m＝5

54．以下不是死循环的程序段是(　　)。

    A．int i＝100;　　　　　　　　　　B．for (;;);
       while(1){
       i＝i%100＋1;
       if(i＞100)break;
       }

    C．int k＝0;　　　　　　　　　　　D．int s＝36;
       do{＋＋k;}while(k＞＝0);　　　　　while(s);－－s;

55．以下是死循环的程序段是(　　)。

    A．for(i=1;;) {　　　　　　　　　B．for(i=1;;)if(＋＋i<10)continue;
       if(i＋＋%2＝＝0)continue;
       if(i＋＋%3＝＝0)break;
       }

    C．i=32767;　　　　　　　　　　　D．i=1;
       do{if(i<0)break;}while(＋＋i);　　while(i－－);

3.2　填空题

    1．C语句可以分为_____、_____、_____、_____和_____5种类型。C控制语句有_____种。

    2．复合语句是用一对_____界定的语句块。

    3．C语言本身不提供输入输出语句,其输入和输出操作是由_____来实现的。

    4．一般地,调用标准字符或格式输入输出库函数时,文件开头应有预编译命令:_____。

    5．在执行switch结构时,能够立即退出该结构的语句是_____。

    6．C语言三个循环语句分别是_____语句、_____语句和_____语句。

    7．至少执行一次循环体的循环语句是_____。

8. C语言允许循环嵌套使用_____层。

9. continue 语句可以出现在 for、while 和_____语句中。

10.【提高题】循环功能最强的循环语句是_____。

3.3 判断题

1. switch 语句可以用 if 语句完全代替。（   ）
2. switch 语句的 case 表达式必须是常量表达式。（   ）
3. if 语句、switch 语句可以嵌套，而且嵌套的层数没有限制。（   ）
4. 条件表达式可以取代 if 语句，或者用 if 语句取代条件表达式。（   ）
5. switch 语句中各个 case 和 default 出现先后次序不影响程序执行结果。（   ）
6. 多个 case 可以执行相同的程序段。（   ）
7. 内层 break 语句可以终止嵌套的 switch，使最外层的 switch 结束。（   ）
8. switch 语句的 case 分支可以使用{}复合语句、多个语句序列。（   ）
9. switch 语句的表达式与 case 表达式的类型必须一致。（   ）
10. 语句标号与 C 语言标识符的语法规定是完全一样的。（   ）
11. do-while 允许从外部转到循环体内。（   ）
12. do-while 循环中，根据情况可以省略 while。（   ）
13. for 循环中三个表达式可以任意省略，while、do-while 的表达式也是如此。（   ）
14. continue 语句只能用于三个循环语句中。（   ）

3.4 程序阅读题

1. 用下面的 scanf 函数输入数据，使 a=3,b=7,x=8.5,y=71.82,c1='A',c2='a'，写出运行时从键盘上的数据输入形式。

```
1  #include <stdio.h>
2  int main()
3  {  int a,b;float x,y;char c1,c2;
4     scanf("a=%d□b=%d",&a,&b);
5     scanf("%f□%f",&x,&y);
6     scanf("%c□%c",&c1,&c2);
7     return 0;
8  }
```

2. 写出下面程序执行后的运行结果。

```
1  #include <stdio.h>
2  int main()
3  {  char c1='a',c2='b',c3='c',c4='\101',c5='\116';
4     printf("a%c□b%c\tc%c\tabc\n",c1,c2,c3);
```

```
5       printf("\t\b%c␣%c",c4,c5);
6       return 0;
7   }
```

3. 分别写出在①Turbo C 2.0 和②Visual C++ 6.0 环境下,下面程序执行后的运行结果。

```
1   #include <stdio.h>
2   int main()
3   {   int a=12345;float b=-198.345,c=6.5;
4       printf("a=%4d,b=%-10.2e,c=%6.2f",a,b,c);
5       return 0;
6   }
```

4. 下面程序运行时从键盘上输入:12↙,写出程序的运行结果。

```
1   #include <stdio.h>
2   int main()
3   {   char ch1,ch2;int n1,n2;
4       ch1=getchar();ch2=getchar();
5       n1=ch1-'0';
6       n2=n1*10+(ch2-'0');
7       printf("%d",n2);
8       return 0;
9   }
```

5. 下面程序运行时从键盘上输入:10␣20␣30↙,写出程序的运行结果。

```
1   #include <stdio.h>
2   int main()
3   {   int i=0,j=0,k=0;
4       scanf("%d%*d%d",&i,&j,&k);
5       printf("%d␣%d␣%d",i,j,k);
6       return 0;
7   }
```

6. 写出下面程序执行后的运行结果。

```
1   #include <stdio.h>
2   int main()
3   {   int n=0,m=1,x=2;
4       if(!n)x-=1;
5       if(m)x-=2;
6       if(x)x-=3;
7       printf("%d",x);
8       return 0;
9   }
```

7. 写出下面程序执行后的运行结果。

```
1   #include <stdio.h>
2   int main()
3   {   int i,k=19;
4       while(i=k-1){
5           k-=3;
6           if(k%5==0){i++;continue;}
7           else if(k<5)break;
8           i++;
9       }
10      printf("i=%d,k=%d",i,k);
11      return 0;
12  }
```

8. 下面程序运行时从键盘上输入：420↙,写出程序的运行结果。

```
1   #include <stdio.h>
2   int main()
3   {   char c;
4       while((c=getchar())!='\n')
5           switch(c-'0'){
6               case 0:
7               case 1: putchar(c+2);
8               case 2: putchar(c+3);break;
9               case 3: putchar(c+4);
10              default: putchar(c+1);break;
11          }
12      return 0;
13  }
```

9. 写出下面程序执行后的运行结果。

```
1   #include <stdio.h>
2   int main()
3   {   int k=1,n=263;
4       do{k*=n%10;n/=10;}while(n);
5       printf("%d",k);
6       return 0;
7   }
```

10. 写出下面程序执行后的运行结果。

```
1   #include <stdio.h>
2   int main()
3   {   int i=5;
4       do{
```

```
5        switch(i%10){
6            case 4: i--;break;
7            case 6: i--;continue;
8        }
9        i--;i--;
10       printf("%d ",i);
11   }while(i>0);
12   return 0;
13 }
```

11. 写出下面程序执行后的运行结果。

```
1  #include <stdio.h>
2  int main()
3  {  int x,i;
4     for(i=1;i<=100;i++){
5         x=i;
6         if(++x%2==0)
7             if(++x%3==0)
8                 if(++x%7==0)
9                     printf("%d ",x);
10    }
11    return 0;
12 }
```

12. 写出下面程序执行后的运行结果。

```
1  #include <stdio.h>
2  int main()
3  {  int i;
4     for(i=0;i<5;i++)
5         switch(i%2){
6             case 0: printf("1");break;
7             case 1: printf("0");break;
8         }
9     return 0;
10 }
```

13. 写出下面程序执行后的运行结果。

```
1  #include <stdio.h>
2  int main()
3  {  int i,k=0;
4     for(i=1;;i++){
5         k++;
6         while(k<i*i){
7             k++;
```

```
8            if(k%3==0)goto loop;
9          }
10     }
11 loop: printf("%d,%d",i,k);
12     return 0;
13 }
```

14. 写出下面程序执行后的运行结果。

```
1  #include <stdio.h>
2  int main()
3  {   int i,j,x=0;
4      for(i=0;i<10;i++){
5          x++;
6          for(j=0;j<=3;j++){
7              if(j%2)continue;
8              x++;
9          }
10         x++;
11     }
12     printf("x=%d",x);
13     return 0;
14 }
```

15. 写出下面程序执行后的运行结果。

```
1  #include <stdio.h>
2  int main()
3  {   int i=0,a=0;
4      while(i<40){
5          for(;;){
6              if((i%10)==0)break;
7              else i--;
8          }
9          i+=11;a+=i;
10     }
11     printf("%d",a);
12     return 0;
13 }
```

3.5 程序填空题

1. 下面程序执行后的输出结果是 16.00。请填空使程序完整、正确。

```
1  #include <stdio.h>
2  int main()
```

```
3  {   int a=9,b=2;
4      float x=①_____,y=1.1,z;
5      z=a/2+b*x/y+1/2;
6      printf("%5.2f\n",z);
7      return 0;
8  }
```

2. 下面程序执行后的输出结果是 261。请填空使程序完整、正确。

```
1  #include <stdio.h>
2  int main()
3  {   int a=177;
4      printf("①_____",a);
5      return 0;
6  }
```

3. 下面程序执行后的输出结果是 a=21,b=55。请填空使程序完整、正确。

```
1  #include <stdio.h>
2  int main()
3  {   int a=21,b=55;
4      ①_____;
5      return 0;
6  }
```

4. 下面程序执行后的输出结果是 x=−123456,y1=−1.23e+002,y2=−123.46。请填空使程序完整、正确。

```
1  #include <stdio.h>
2  int main()
3  {   long x=-123456L;
4      float y=-123.456;
5      printf("①_____",x,y,y);
6      return 0;
7  }
```

5. 设 a、b、c 为三角形三条边长，以下程序用于判断 a、b、c 能否构成三角形，若能则输出 YES，否则输出 NO。请填空使程序完整、正确。

```
1  #include <stdio.h>
2  int main()
3  {   float a,b,c;
4      scanf("①_____",&a,&b,&c);
5      if(②_____) printf("YES\n");
6      else printf("NO\n");
7      return 0;
8  }
```

6. 以下程序输入一个学生的成绩(在 0～100 分之间,超出此范围显示错),进行五级评分并显示。请填空使程序完整、正确。

```
1   #include <stdio.h>
2   int main()
3   {   int score;
4       scanf("%d",&score);printf("%d->",score);
5       if(①_____)
6          switch(②_____){
7              case 10:
8              case 9: printf("优秀\n");break;
9              case 8: printf("良好\n");break;
10             case 7: printf("一般\n");break;
11             case 6: printf("及格\n");③_____;
12             default: printf("不及格\n");
13         }
14      else printf("输入错误\n");
15      return 0;
16  }
```

7. 根据以下函数关系,对输入的每个 x 值,计算出相应的 y 值。请填空使程序完整、正确。

$$y = \begin{cases} 0, & x < 0 \\ x, & 0 \leqslant x < 10 \\ 10, & 10 \leqslant x < 20 \\ -0.5x + 20, & 20 \leqslant x < 40 \end{cases}$$

```
1   #include <stdio.h>
2   int main()
3   {   int x,c;double y;
4       scanf("%d",&x);
5       if(①_____)c=-1;
6       else c=②_____;
7       switch(c){
8           case -1: y=0.0;break;
9           case 0: y=x;break;
10          case 1: y=10.0;break;
11          case 2:
12          case 3: y=-0.5*x+20;break;
13          default: y=-2.0;
14      }
15      if(③_____)
16          printf("y=%lf",y);
17      else
18          printf("error!");
```

```
19      return 0;
20  }
```

8. 下面程序的功能是用"辗转相除法"计算两个整数 m 和 n 的最大公约数。该方法的基本思想是计算 m 和 n 相除的余数,如果余数为 0 则结束,此时的被除数就是最大公约数。否则,将除数作为新的被除数,余数作为新的除数,继续计算 m 和 n 相除的余数,判断是否为 0 等。请填空使程序完整、正确。

```
1   #include <stdio.h>
2   int main()
3   {   int m,n,w;
4       scanf("%d,%d",&m,&n);
5       while(n){
6           w=①_____;
7           m=②_____;
8           n=③_____;
9       }
10      printf("%d",m);
11      return 0;
12  }
```

9. 下面程序的功能是接受键盘上的输入,直到按回车键为止,这些字符被原样输出,但若有连续的一个以上的空格时只输出一个空格。请填空使程序完整、正确。

```
1   #include <stdio.h>
2   int main()
3   {   char cx,front='\0';
4       while(①_____!='\n'){
5           if(cx!=' ') putchar(cx);
6           if(cx==' ')
7               if(②_____)
8                   putchar(③_____);
9           front=cx;
10      }
11      return 0;
12  }
```

10. 已知公式:

$$\frac{\pi}{2} = 1 + \frac{1}{3} + \frac{1}{3}\frac{2}{5} + \frac{1}{3}\frac{2}{5}\frac{3}{7} + \frac{1}{3}\frac{2}{5}\frac{3}{7}\frac{4}{9} + \cdots$$

下面的程序根据上述公式输出满足精度要求 eps 的 π 值。请填空使程序完整、正确。

```
1   #include <stdio.h>
2   int main()
3   {   double s=0.0,eps,t=1.0;
4       int n;
```

```
5        scanf("%lf",&eps);
6        for(n=1;①_____;n++){
7            s+=t;
8            ②_____;
9        }
10       ③_____;
11       return 0;
12   }
```

11. 下面程序的功能是输入 2 个整数，输出它们的最小公倍数和最大公约数。请填空使程序完整、正确。

```
1    #include <stdio.h>
2    int main()
3    {   int m,n,gbs,gys;
4        scanf("%d%d",&m,&n);
5        gbs=①_____;
6        while(②_____) gbs=gbs+ m;
7        gys=③_____;
8        printf("最小公倍数=%d,最大公约数=%d",gbs,gys);
9        return 0;
10   }
```

12. 下面程序按公式 $\sum_{k=1}^{100}k+\sum_{k=1}^{50}k^2+\sum_{k=1}^{10}\frac{1}{k}$ 求和并输出结果。请填空使程序完整、正确。

```
1    #include <stdio.h>
2    int main()
3    {   int k;①_____;
4        for(k=1;k<=100;k++)
5            s+=k;
6        for(k=1;k<=50;k++)
7            s+=②_____;
8        for(k=1;k<=10;k++)
9            s+=③_____;
10       printf("sum=%f",s);
11       return 0;
12   }
```

13. 下面程序的功能是计算 $s=1+12+123+1234+12345$。请填空使程序完整、正确。

```
1    #include <stdio.h>
2    int main()
3    {   int t=0,s=0,i;
```

```
4       for(i=1;i<=5;i++){
5           t=①_____;
6           s=②_____;
7       }
8       printf("s=%d",s);
9       return 0;
10  }
```

14. 下面程序的功能是输出 1～100 之间每位数的乘积大于每位数的和的数。请填空使程序完整、正确。

```
1   #include <stdio.h>
2   int main()
3   {   int n,k=1,s=0,m;
4       for(n=1;n<=100;n++){
5           k=1;s=0;①_____;
6           while(②_____){
7               k*=m%10;s+=m%10;③_____;
8           }
9           if(k>s)printf("%d",n);
10      }
11      return 0;
12  }
```

15. 下面程序段的功能是计算 1000! 的末尾有多少个零。请填空使程序完整、正确。

提示：只要偶数乘 5 就会产生 0，因为 1000! 中有一半是偶数，所以求 1000! 的末尾有多少个零，其方法就是统计 1000! 中有多少 5 的因子。例如 10 有 1 个 5 的因子，25 有 2 个 5 的因子，100 有 2 个 5 的因子等。

```
1   #include <stdio.h>
2   int main()
3   {   int i,k,m;
4       for(k=0,i=5;i<=1000;i+=5)
5       {   m=i;
6           while(①_____){k++;m=m/5;}
7       }
8       return 0;
9   }
```

16. 下面程序的功能是输入 1 个大于 2 的整数，判断其是否为两个大于 1 的整数的乘积。请填空使程序完整、正确。

```
1   #include <stdio.h>
2   ①_____
3   int main()
4   {   int m=0,i;
```

```
5    while (m<3)②_____;
6    for(i=2;i<=sqrt(m);i++)
7    if(③_____){printf("%d * %d=%d",i,m/i,m); break;}
8    if(④_____)printf("不可分解");
9    return 0;
10   }
```

17. 下面程序的功能是输入任意整数 n 后，输出 n 行由大写字母 A 开始构成的三角形字符阵列图形．例如，输入整数 5 时(注意：n 不得大于 10)，程序运行结果如下：

ABCDE
FGHI
JKL
MN
O

请填空使程序完整、正确。

```
1    #include <stdio.h>
2    int main()
3    { int i,j,n;char ch='A';
4      scanf("%d",&n);
5      if(n<11){
6        for(i=1;i<=n;i++){
7          for(j=1;j<=n-i+1;j++){
8            printf("%2c",ch);
9            ①_____;
10         }
11         ②_____;
12       }
13     }
14     else printf("n is too large!\n");
15     return 0;
16   }
```

18. 一个 3 位整数(100～999)，若各位数的立方和等于该数自身，则称其为"水仙花数"(如：153＝1³＋5³＋3³)，下面程序的功能是找出所有的这种数。请填空使程序完整、正确。

```
1    #include <stdio.h>
2    int main()
3    { int n,a,b,c;       /* n、a、b 和 c 分别为三位数及其个位、十位和百位 */
4      for(c=1;c<=9;c++)
5      for(b=0;b<=9;b++)
6        for(①_____;a++){
7          n=②_____;
8          if(a*a*a+b*b*b+c*c*c==③_____)
```

```
 9            printf("%d\n",n);
10        }
11    return 0;
12 }
```

3.6 程序设计题

1. 编写程序输入某学生的数学(math)、英语(english)和 C 语言(C)的成绩,输出该学生这三门课的总成绩(sum)和平均成绩(aver)。

2. 输入两个两位数的正整数 a、b,编写程序将 a、b 合并形成一个整数放在 c 中,合并的方式是:将 a 数的十位和个位数依次放在 c 数的百位和个位上,b 数的十位和个位数依次放在 c 数的十位和千位上,输出 c 的结果。

3. 设圆半径 $r=1.5$,圆柱高 $h=3$,求圆周长、圆面积、圆球表面积、圆球体积、圆柱体积。编写程序用 scanf 输入数据,输出计算结果;输出时要求有文字说明,取小数点后两位数字。

4. 编写程序输入月份和日期,给出对应的星座。下面是星座计算表。

3.21-4.20	白羊	4.21-5.20	金牛	5.21-6.20	双子
6.21-7.22	巨蟹	7.23-8.22	狮子	8.23-9.22	处女
9.23-10.22	天秤	10.23-11.22	天蝎	11.23-12.22	人马
12.23-1.20	摩羯	1.21-2.20	宝瓶	2.21-3.20	双鱼

5. 编写一个模拟简单计算器的程序,计算表达式:a1 op a2 的值,要求 a1、op、a2 从键盘输入。其中 a1、a2(作除数时不能为 0)为数值,op 为运算符+、-、*、/。

6. 常见的钟表一般都有时针和分针,在任意时刻时针和分针都形成一定夹角;现已知当前的时刻,编写程序求出该时刻时针和分针的夹角(该夹角大小≤180°)。当前时刻值输入格式为"小时:分",例如:11:12。

7. 编写程序输出"九九乘法表"。

8. 编写程序输入一个数后,输出其整数部分的位数(例如输入 123.4 则输出 3,输入 -0.6 则输出 0)。

9. 编写程序利用公式 $\pi=4\left(1-\frac{1}{3}+\frac{1}{5}-\frac{1}{7}+\frac{1}{9}\cdots\right)$ 计算 π 的近似值,直到括号中最后一项的绝对值小于 10^{-6} 为止。

10. 编写程序连续输入 a1,a2,…,a15,计算下列表达式的值并输出。

$$\sqrt{a_{15}+\sqrt{a_{14}+\sqrt{a_{13}+\cdots+\sqrt{a_2+\sqrt{a_1}}}}}$$

11. 编写程序计算 500～800 区间内素数的个数 cnt,并按所求素数的值从大到小的顺序,再计算其间隔减、加之和,即第 1 个素数-第 2 个素数+第 3 个素数-第 4 个素数+第 5 个素数……的值 sum。

12. 编写程序从键盘上输入一个指定金额(以元为单位,如345.78),然后显示支付该金额的各种面额人民币数量,要求显示100元、50元、10元、5元、2元、1元、1角、5分、1分各多少张。

13. 编写程序验证下列结论:任何一个自然数 n 的立方都等于 n 个连续奇数之和。例如 $1^3=1;2^3=3+5;3^3=7+9+11$。要求程序对每个输入的自然数计算并输出相应的连续奇数,直到输入的自然数为0时止。

14. 编写程序求一个整数的任意次方的最后三位数。即求 x^a 的最后三位数,其中 x、a 从键盘上输入。

15. 分子为1的分数称为埃及分数,现输入一个真分数,编写程序将该分数分解为埃及分数。如:$8/11=1/2+1/5+1/55+1/110$。

16. 如果整数 A 的全部因子(包括1,不包括 A 本身)之和等于 B;且整数 B 的全部因子(包括1,不包括 B 本身)之和等于 A,则将整数 A 和 B 称为亲密数。编写程序求3000以内的所有亲密数。

17. 【提高题】中国有句俗语叫"三天打鱼两天晒网"。某人从2000年1月1日起开始"三天打鱼两天晒网",编写程序判断这个人在以后的某一天中是"打鱼"还是"晒网"。

18. 【提高题】A、B、C、D、E 五个人在某天夜里合伙去捕鱼,到第二天凌晨时都疲惫不堪,于是各自找地方睡觉。到了早上,A 第一个醒来,他将鱼分为五份,把多余的一条鱼扔掉,拿走自己的一份。B 第二个醒来,也将鱼分为五份,把多余的一条鱼扔掉,拿走自己的一份。C、D、E 依次醒来,也按同样的方法拿走鱼。编写程序求他们合伙至少捕了多少条鱼。

19. 【提高题】两面族是荒岛上的一个新民族,他们的特点是说话真一句假一句且真假交替。如果第一句为真,则第二句是假的;如果第一句为假的,则第二句就是真的,但是第一句是真是假没有规律。谜语博士遇到三个人,知道他们分别来自三个不同的民族:诚实族、说谎族和两面族。三人并肩站在博士前面。博士问左边的人:"中间的人是什么族的?",左边的人回答:"诚实族的。"博士问中间的人:"你是什么族的?",中间的人回答:"两面族的。"博士问右边的人:"中间的人究竟是什么族的?",右边的人回答:"说谎族的。"编写程序判断这三个人是哪个民族的?

20. 【提高题】编写程序在屏幕上打印如下的sin函数曲线。

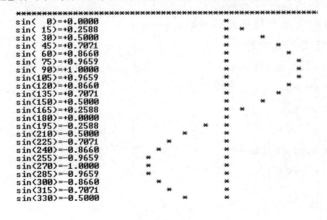

第 4 章

函 数

4.1 选择题

1. 以下关于函数的叙述中正确的是(　　)。
   A. 每个函数都可以被其他函数调用(包括 main 函数)
   B. 每个函数都可以被单独编译
   C. 每个函数都可以单独运行
   D. 在一个函数内部可以定义另一个函数

2. 对于函数,正确的说法是(　　)。
   A. 必须有形式参数   B. 必须有返回类型说明
   C. 必须有返回语句   D. 必须包含函数体

3. 以下叙述中正确的是(　　)。
   A. 函数的定义可以嵌套,但函数的调用不可以嵌套
   B. 函数的定义不可以嵌套,但函数的调用可以嵌套
   C. 函数的定义和函数的调用均不可以嵌套
   D. 函数的定义和函数的调用均可以嵌套

4. 以下叙述中正确的是(　　)。
   A. C 语言编译时不检查语法
   B. C 语言的子程序有过程和函数两种
   C. C 语言的函数可以嵌套定义
   D. C 语言所有函数都是外部函数

5. 以下函数定义正确的是(　　)。
   A. double f(int x,int y)   B. double f(int x,y)
   　　{ z=x+y;   　　{ double z=x+y;
   　　 return z;}   　　 return z;}
   C. double f(x,y)   D. double f(int x,int y)
   　　{ int x,y; double z;   　　{ double z;
   　　 z=x+y;   　　 z=x+y;
   　　 return z;}   　　 return z;}

6. 若调用一个函数 int f(),且此函数中没有 return 语句,则正确的说法是(   )。
   A. 该函数没有返回值   B. 该函数返回一个系统默认值
   C. 该函数返回一个确定的值   D. 该函数返回一个不确定的值

7. 若定义函数:

   fun(int a,float b){
       return a+b;
   }

   则该函数的返回类型是(   )。
   A. void   B. int   C. float   D. 不确定

8. C 语言规定,函数返回值的类型是由(   )决定的。
   A. return 语句中的表达式类型
   B. 调用该函数时的主调函数
   C. 调用该函数时由系统临时
   D. 在定义函数时所指定的函数类型

9. 对于函数返回类型,不正确的说法是(   )。
   A. 可以是 int 类型   B. 可以是数组类型
   C. 可以是 char 类型   D. 可以是 void 类型

10. 若已定义的函数有返回值,则以下关于该函数调用的叙述中错误的是(   )。
    A. 函数调用可以作为独立的语句存在
    B. 函数调用可以作为一个函数的实参
    C. 函数调用可以出现在表达式中
    D. 函数调用可以作为一个函数的形参

11. 基本类型变量做实参时,它和对应的形参之间的数据传递方式是(   )。
    A. 值传递
    B. 地址传递
    C. 由实参传给形参,再由形参传给实参
    D. 由函数定义指定传递方式

12. 以下叙述中错误的是(   )。
    A. 实参可以是常量、变量或表达式
    B. 形参可以是常量、变量或表达式
    C. 实参可以为任意类型
    D. 如果形参与实参的类型不一致,以形参类型为准

13. 以下函数调用语句中,含有的实参个数是(   )。

    F calc(exp1,(exp3,exp4,exp5));

    A. 1   B. 2   C. 3   D. 4

14. 在函数调用时,以下叙述中正确的是(   )。
    A. 函数调用后必须带回返回值

B. 实际参数和形式参数可以同名
C. 函数间的数据传递不可以使用全局变量
D. 主调函数和被调函数总是在同一个文件里

15. 设函数 f 的定义形式为：

    void f(char ch,float x) {……}

    则以下对函数 f 的调用语句中,正确的是(　　)。

    A. f("abc",3.0);   B. t=f('D',16.5);
    C. f('65',2.8);   D. f(32,32);

16. 若程序中定义了以下函数：

    double f(double a,double b)
    {return(a+b);}

    并将其放在调用语句之后,则在调用之前应该对该函数进行函数原型说明,以下选项中错误的说明是(　　)。

    A. double f(double a,B);   B. double f(double,double);
    C. double f(double b,double A);   D. double f(double x,double y);

17. 若各选项中所用变量已正确定义,函数 fun 中通过 return 语句返回一个函数值,以下选项中错误的程序是(　　)。

    A. void main()   B. float fun(int a,int b){…}
       {… x=fun(2,10); …}   void main()
       float fun(int a,int b){…}   {… x=fun(i,j); …}

    C. float fun(int,int);   D. void main()
       void main()   {float fun(int i,int j);
       {… x=fun(2,10); …}   … x=fun(i,j); …}
       float fun(int a,int b){…}   float fun(int a,int b){…}

18. 下面程序执行后的输出结果是(　　)。

    ```
    1  #include <stdio.h>
    2  void F(int x){return(3*x*x);}
    3  int main(){
    4      printf("%d",F(3+5));
    5      return 0;
    6  }
    ```

    A. 192   B. 29   C. 25   D. 编译出错

19. 关于函数原型声明,以下叙述中错误的是(　　)。

    A. 如果函数定义出现在函数调用之前,可以不必加函数原型声明
    B. 如果在所有函数定义之前,在函数外部已做了声明,则各个主调函数不必再做函数原型声明
    C. 函数在调用之前,一定要给出函数原型或函数定义,保证编译系统进行调用

检查

D. 标准库函数不需要函数原型声明

20. 有以下程序：

```
1  #include <stdio.h>
2  void f(int n);
3  int main()
4  {  void f(int n);
5     f(5);
6     return 0;
7  }
8  void f(int n)
9  { printf("%d\n",n);}
```

以下叙述中错误的是（　　）。

A. 若只在主函数中对函数 f 进行说明,则只能在主函数中正确调用函数 f

B. 若在主函数前对函数 f 进行说明,则在主函数和其后的其他函数中都可以正确调用函数 f

C. 对于以上程序,编译时系统会提示出错信息:"提示对 f 函数重复说明"

D. 函数 f 无返回值,所以可用 void 将其类型定义为无值型

21. 下列（　　）类型函数不适合声明为内联函数。

A. 函数体语句较多   B. 函数体语句较少

C. 函数执行时间较短   D. 函数执行时间过长

22. 在（　　）情况下适宜采用 inline 定义内联函数。

A. 函数体含有循环语句   B. 函数体含有递归语句

C. 需要加快程序的执行速度 D. 函数代码多、不常调用

23. 在函数调用过程中,如果函数 A 调用了函数 B,函数 B 又调用了函数 A,则（　　）。

A. 称为函数的直接递归调用

B. 称为函数的间接递归调用

C. 称为函数的循环调用

D. C 语言中不允许这样的调用

24. 下面程序执行后的输出结果是（　　）。

```
1  #include <stdio.h>
2  char f(char x,char y)
3  {
4      if(x>y)return y;
5      else return x;
6  }
7  int main()
8  { char a='9',b='8',c='7',d='6';
9      printf("%c",f(f(a,b),f(c,d)));
```

```
10    return 0;
11 }
```

A. 9   B. 8   C. 7   D. 6

25. 有以下程序段：

```
int fun1(double a){return a*=a;}
int fun2(double x,double y)
{ double a=0,b=0;
  a=fun1(x);b=fun1(y);return(int)(a+b);
}
```

且 double w;执行语句 w=fun2(1.1,2.0);后变量 w 的值是(   )。

A. 5.21   B. 5   C. 5.0   D. 0.0

26. 下面程序执行后的输出结果是(   )。

```
1  #include <stdio.h>
2  void fun(int x,int y,int z)
3  {z=x*x+y*y;}
4  int main()
5  { int a=31;
6    fun(5,2,a);
7    printf("%d",a);
8    return 0;
9  }
```

A. 0   B. 29   C. 31   D. 无定值

27. 下面程序执行后的输出结果是(   )。

```
1  #include <stdio.h>
2  long fib(int n)
3  { if(n>2)return(fib(n-1)+fib(n-2));
4    else return(2);
5  }
6  int main()
7  { printf("%d",fib(3));return 0;}
```

A. 2   B. 4   C. 6   D. 8

28. 下面程序执行后的输出结果是(   )。

```
1  #include <stdio.h>
2  int f(int n)
3  { if(n==1)return 1;
4    return f(n-1)+1;}
5  int main()
6  { int i,j=0;
7    for(i=1;i<3;i++)j+=f(i);
8    printf("%d",j);
```

```
9      return 0;
10  }
```
  A. 1   B. 2   C. 3   D. 4

29. 设存在函数 int max(int,int) 返回两参数中较大值,若求 22,59,70 三者中最大值,下列表达式不正确的是(　　)。
  A. int m=max(22,max(59,70));
  B. int m=max(max(22,59),70);
  C. int m=max(22,59,70);
  D. int m=max(59,max(22,70));

30. 以下叙述中错误的是(　　)。
  A. 在不同函数中可以使用相同名字的变量
  B. 形式参数只在本函数范围内有定义
  C. 在函数内的复合语句中定义的变量在本函数范围内有定义
  D. 全局变量在函数内有同名变量定义时,在该函数范围内没有定义

31. 在某源程序文件中,若全局变量与局部变量同名,则(　　)。
  A. 视为同一个变量   B. 变量作用域不确定
  C. 不允许   D. 允许

32. 如果在一个函数的复合语句中定义了一个变量,则该变量(　　)。
  A. 只在该复合语句中有定义   B. 在该函数中有定义
  C. 在本程序范围内有定义   D. 为非法定义

33. 下面程序执行后的输出结果是(　　)。
```
1   #include <stdio.h>
2   int a=3;
3   int main()
4   {  int s=0;
5      {
6         int a=5;s+=a++;
7      }
8      s+=a++;
9      printf("%d",s);
10     return 0;
11  }
```
  A. 7   B. 8   C. 10   D. 11

34. 以下叙述中错误的是(　　)。
  A. 形参的存储单元是动态分配的
  B. 函数中的局部变量都是动态存储
  C. 全局变量都是静态存储
  D. 动态分配变量的存储空间在函数结束调用后就被释放了

35. 以下叙述中错误的是(　　)。

A. 全局变量、静态变量的初值是在编译时指定的
B. 静态变量如果没有指定初值,则其初值是 0
C. 局部变量如果没有指定初值,则其初值不确定
D. 函数中的静态变量在函数每次调用时,都会重新设置初值

36. 若函数中局部变量的值经函数调用后仍然保留,则该局部变量定义为( )。
A. 自动变量   B. 内部变量   C. 外部变量   D. 静态变量

37. 若变量定义时未初始化,则其值不确定的是( )。
A. 静态全局变量   B. 局部变量
C. 静态局部变量   D. 全局变量

38. 以下叙述中正确的是( )。
A. 局部变量说明为 static 存储类型,其生存期将得到延长
B. 全局变量说明为 static 存储类型,其作用域将被扩大
C. 任何存储类型的变量在未赋初值时,其值都是不确定的
D. 形参可以使用的存储类型说明符与局部变量完全相同

39. 全局变量的存储类型可以定义为( )。
A. auto 或 static   B. extern 或 register
C. auto 或 extern   D. extern 或 static

40. 以下只有在使用时才为该类型变量分配内存的存储类型是( )。
A. auto 和 static   B. auto 和 register
C. register 和 static   D. extern 和 register

41. 下面程序执行后的输出结果是( )。

```
1  #include <stdio.h>
2  int f()
3  { static int i=0;
4    int s=1;
5    s+=i;i++;
6    return s;
7  }
8  int main()
9  { int i,a=0;
10   for(i=0;i<5;i++)a+=f();
11   printf("%d",a);
12   return 0;
13 }
```

A. 20   B. 24   C. 25   D. 15

42. 下面程序执行后的输出结果是( )。

```
1  #include <stdio.h>
2  int a=2;
3  int f(int n)
4  { static int a=3;
```

```
 5        int t=0;
 6        if(n%2){static int a=4;t+=a++;}
 7        else{static int a=5;t+=a++;}
 8        return t+a++;
 9    }
10    int main()
11    { int s=a,i;
12        for(i=0;i<3;i++)s+=f(i);
13        printf("%d",s);
14        return 0;
15    }
```

  A. 24   B. 26   C. 28   D. 29

43. 在 C 语言中,计算 x^y 正确的是( )。

  A. x^y   B. pow(x,y)   C. x**y   D. power(x,y)

44. 【提高题】自动型局部变量分配在( )。

  A. 内存的数据区中   B. CPU 的通用寄存器中

  C. 内存的程序区中   D. 内存的堆栈区中

45. 如果在一个源文件中定义的函数,只能被本文件中的函数调用,而不能被同一程序其他文件中的函数调用,则说明这个函数为( )。

  A. 私有函数   B. 内部函数   C. 外部函数   D. 库函数

4.2 填空题

1. C 语言函数返回类型的默认定义类型是_____。
2. 可以将被调函数中获得的值返回给主调函数的语句是_____。
3. 在 C 语言中,当定义一个函数的类型为 void 时,说明执行该函数_____。
4. 若函数定义为:

```
int data(){
    float x=9.9;
    return(x);
}
```

则函数返回的值是_____。

5. 函数调用语句 fun((a,b),(c,d,e));的实参个数是_____。
6. 函数调用语句 func(rec1,rec2+rec3,(rec4,rec5));的实参个数是_____。
7. 函数的实参传递到形参有两种方式:_____和_____。
8. 在 C 语言中,若函数的形参是整型变量,而对应的实参是整型数,则形实结合的方式是_____传递。
9. 函数 fun 的功能是计算 x^n

```
idouble fun(double x,int n)
```

```
{ int i;double y=1;
   for(i=1;i<=n;i++)y=y*x;
   return y;
}
```

主函数中已经正确定义 m、a、b 变量并赋值,调用 fun 函数计算:$m=a^4+b^4-(a+b)^3$ 的调用语句为_____。

10. 已知函数定义:void dothat(int n,double x){ … },其函数声明的两种写法为 _____ 和 _____。

11. 在一个函数内部调用另一个函数的调用方式称为_____。在一个函数内部直接或间接调用该函数称为函数_____的调用方式。

12. 对于以下递归函数 f,调用 f(4) 的返回值是_____。

```
int f(int n){
if(n) return f(n-1)+n;
else return n;
}
```

13. 函数 pi 的功能是根据近似公式:$\frac{\pi \times \pi}{6}=1+\frac{1}{2\times 2}+\frac{1}{3\times 3}+\cdots+\frac{1}{n\times n}$ 求 π 值。请在下面的函数中填空,完成求 π 的功能。

```
#include <math.h>
double pi(long n)
{  double s=0.0;long i;
   for(i=1;i<=n;i++)s=s+_____;
   return(sqrt(6*s));
}
```

14. C 语言变量按其作用域分为_____和_____。按其生存期分为_____和_____。

15. C 语言变量的存储类别有_____、_____、_____和_____。

16. 凡在函数中未指定存储类别的局部变量,其默认的存储类别为_____。

17. 被调用函数执行结束时,此函数中定义的_____类型的变量不被释放。

18. 静态型外部变量的作用域是_____。

19. 【提高题】在一个 C 程序中,若要定义一个只允许本文件中函数使用的全局变量,则该变量需要定义的存储类别为_____。

20. 【提高题】变量赋初值可以在两个阶段:即_____和_____。

4.3 判断题

1. 函数的定义和函数的调用均可以嵌套。(   )

2. 函数必须有返回值,否则不能定义成函数。(   )

3. 在 C 语言中，调用函数时，只能把实参的值传递给形参，形参的值不能传递给实参。（ ）

4. 程序中定义的整型变量的初值都为 0。（ ）

5. 【提高题】C 程序中，有调用关系的所有函数必须放在同一个源程序文件中。（ ）

4.4 程序阅读题

1. 简要叙述下面程序的功能。

```
1   #include <stdio.h>
2   int func(int n)
3   {   int i,j,k;
4       i=n/100;j=n/10-i*10;k=n%10;
5       if(i*100+j*10+k==i*i*i+j*j*j+k*k*k)return n;
6       return 0;
7   }
8   int main()
9   {   int n,k;
10      for(n=100;n<1000;n++)
11          if(k=func(n))printf("%d ",k);
12      return 0;
13  }
```

2. 下面程序运行时从键盘上输入：−125↙，写出程序的运行结果。

```
1   #include <stdio.h>
2   #include <math.h>
3   void fun(int n)
4   {   int k,r;
5       for(k=2;k<=sqrt(n);k++){
6           r=n%k;
7           while(!r){
8               printf("%d",k);
9               n=n/k;
10              if(n>1)printf("*");
11              r=n%k;
12          }
13      }
14      if(n!=1)printf("%d\n",n);
15  }
16  int main()
17  {   int n;
18      scanf("%d",&n);
```

```
19      printf("%d=",n);
20      if(n<0)printf("-");
21      n=abs(n);
22      fun(n);
23      return 0;
24   }
```

3. 下面程序运行时从键盘上输入：282✓，写出程序的运行结果。

```
1    #include <stdio.h>
2    int sub(int n)
3    {  int s=1;
4       do {
5          s*=n%10;n/=10;
6       } while(n);
7       return s;
8    }
9    int main()
10   {  int n;
11      scanf("%d",&n);
12      n=sub(n);
13      printf("%d\n",n);
14      return 0;
15   }
```

4. 写出下面程序执行后的运行结果。

```
1    #include <stdio.h>
2    int i=0;
3    int fun1(int i)
4    {
5       i=(i%i)*((i*i)/(2*i)+4);
6       printf("i=%d\n",i);
7       return(i);
8    }
9    int fun2(int i)
10   {
11      i = i<=2?5:0;
12      return(i);
13   }
14   int main()
15   {  int i=5;
16      fun2(i/2);
17      printf("i=%d\n",i);
18      fun2(i=i/2);
19      printf("i=%d\n",i);
20      fun2(i/2);
```

```
21      printf("i=%d\n",i);
22      fun1(i/2);
23      printf("i=%d\n",i);
24      return 0;
25 ss}
```

5. 下面程序运行时从键盘上输入：1234↙,写出程序的运行结果。

```
1  #include <stdio.h>
2  int sub(int n){ return(n/10+n%10);}
3  int main()
4  { int x,y;
5     scanf("%d",&x);
6     y=sub(sub(sub(x)));
7     printf("%d",y);
8     return 0;
9  }
```

6. 写出下面程序执行后的运行结果。

```
1  #include <stdio.h>
2  int f1(int x,int y){ return x>y?x:y;}
3  int f2(int x,int y){ return x>y?y:x;}
4  int main()
5  { int a=4,b=3,c=5,d=2,e,f,g;
6     e=f2(f1(a,b),f1(c,d));f=f1(f2(a,b),f2(c,d));
7     g=a+b+c+d-e-f;
8     printf("%d,%d,%d",e,f,g);
9     return 0;
10 }
```

7. 写出下面程序执行后的运行结果。

```
1  #include <stdio.h>
2  long f(int b)
3  { if(b==1||b==2) return 1;
4     else return f(b-1)+f(b-2);
5  }
6  int main()
7  { printf("%ld",f(5));
8     return 0;
9  }
```

8. 写出下面程序执行后的运行结果。

```
1  #include <stdio.h>
2  int SUM(int n)
3  { if(n==1)return 1;
4     else return n*n+SUM(n-1);
```

```
5   }
6   int main()
7   {   printf("SUM=%d",SUM(5));
8       return 0;
9   }
```

9. 写出下面程序执行后的运行结果。

```
1   #include <stdio.h>
2   int gcd(int m,int n)
3   {
4       if(m==n) return m;
5       else if(m>n) return gcd(m-n,n);
6       else return gcd(m,n-m);
7   }
8   int main()
9   {   printf("gcd=%d",gcd(24,36));
10      return 0;
11  }
```

10. 写出下面程序执行后的运行结果。

```
1   #include <stdio.h>
2   int func(int a,int b)
3   {   static int m=0,i=2;
4       i+=m+1; m=i+a+b;
5       return(m);
6   }
7   int main()
8   {   int k=4,m=1,p1,p2;
9       p1=func(k,m);
10      p2=func(k,m);
11      printf("%d,%d",p1,p2);
12      return 0;
13  }
```

11. 写出下面程序执行后的运行结果。

```
1   #include <stdio.h>
2   int a1=300,a2=400;
3   void sub1(int x,int y);
4   int main()
5   {   int a3=100,a4=200;
6       sub1(a3,a4);
7       sub1(a1,a2);
8       printf("%d,%d,%d,%d",a1,a2,a3,a4);
9       return 0;
```

```
10  }
11  void sub1(int x,int y)
12  {   a1=x;x=y;y=a1;
13  }
```

12. 写出下面程序执行后的运行结果。

```
1   #include <stdio.h>
2   int f()
3   {   int x=1;
4       return x++;
5   }
6   int g()
7   {   static int x=1;
8       return x++;
9   }
10  int main()
11  {   int i,a=0,b=0;
12      for(i=0;i<5;i++){
13          a+=f();
14          b+=g();
15      }
16      printf("a=%d b=%d",a,b);
17      return 0;
18  }
```

4.5 程序修改题

1. 下面函数 add 的功能是求两个参数的和。判断下面程序的正误,如果有错误,请改正过来。

```
1   void add(int a,int b)
2   {   int c;
3       c=a+b;
4       return(c);
5   }
```

2. 下面函数 fun 的功能是根据整型形参 m,计算如下公式的值:

$$y=\frac{1}{100\times 100}+\frac{1}{200\times 200}+\frac{1}{300\times 300}+\cdots+\frac{1}{m\times m}$$

判断下面程序的正误,如果有错误请改正过来。

```
1   fun(int m)
2   {   double y=0,d;
3       int i;
```

```
4       for(i=100,i<=m,i+=100){
5           d=(double)i*(double)i;
6           y+=1.0/d;
7       }
8       return(y);
9   }
```

3. 下面函数 fun 的功能是将长整型数中偶数位置上的数依次取出,构成一个新数返回,例如,当 s 中的数为:87653142 时,则返回的数为:8642。判断下面程序的正误,如果有错误请改正过来。

```
1   long fun(long s)
2   {   long t=0,sl=1;int d;
3       while(s>0){
4           d=s%10;
5           if(d%2=0){
6               t=d*sl+t;
7               sl*=10;
8           }
9           s\=10;
10      }
11      return(t);
12  }
```

4.6 程序填空题

1. 下面程序的功能是计算函数 $F(x,y,z) = \dfrac{x+y}{x-y} + \dfrac{z+y}{z-y}$。请填空使程序完整、正确。

```
1   #include<stdio.h>
2   ①_____;
3   int main()
4   {   float x,y,z,f;
5       scanf("%f%f%f",&x,&y,&z);
6       f=fun(②_____);
7       f+=fun(③_____);
8       printf("f=%d",f);
9       return 0;
10  }
11  float fun(float a,float b)
12  {
13      return(a/b);
14  }
```

2. 下面函数 fun 的返回值为一个整数 m 的所有因子之和。请填空使程序完整、正确。

```
1  int fun(①_____)
2  { int s=1,i;
3    for(i=1;i<=m/2;i++)
4       if(②_____) s=s+i;
5    return s;
6  }
```

3. 下面程序的功能是输入一个无符号整数后求出它的各位数之和并输出。例如若输入 123，则将各位之和 6（即 1＋2＋3）输出。请填空使程序完整、正确。

```
1  #include <stdio.h>
2  ①_____ f(unsigned int num)
3  { unsigned int k=0;
4    do{
5       k+=②_____;
6       num=num/10;
7    }while(num);
8    ③_____;
9  }
10 int main()
11 { unsigned int n;
12   scanf("%d",&n);
13   printf("%u",f(n));
14   return 0;
15 }
```

4. 下面程序的功能是通过函数求 $f(x)$ 的累加和，其中 $f(x)=x^2+1$。请填空使程序完整、正确。

```
1  #include <stdio.h>
2  int F(int x)
3  {
4    return ①_____;
5  }
6  int SunFun(int n)
7  { int x,s=0;
8    for(x=0;x<=n;x++)s+=F(②_____);
9    return s;
10 }
11 int main()
12 {
13   printf("sum=%d",SunFun(10));
14   return 0;
```

```
15  }
```

5. 下面 sum 函数的功能是计算 $S = 1 + x + \dfrac{x^2}{2!} + \dfrac{x^3}{3!} + \cdots + \dfrac{x^n}{n!}$ 级数之和并返回。请填空使程序完整、正确。

```
1   double sum(double x,int n)
2   {  int i;double a,b,s;
3      ①_____;
4      for(i=1;i<=n;i++){
5         a=a*x;b=b*i;s=s+a/b;
6      }
7      ②_____;
8   }
```

6. 下面程序的功能是调用函数 fun 得到两个数中的最大值。请填空使程序完整、正确。

```
1   #include<stdio.h>
2   ①_____(double,double);
3   int main()
4   {  double x,y;
5      scanf("%lf%lf",&x,&y);
6      printf("%lf",fun(x,y));
7      return 0;
8   }
9   double fun(double a,double b)
10  { return(a>b?a:b);}
```

4.7 程序设计题

1. 按下列要求分别写出两个函数。

(1) 计算 $n!$，计算公式为 $n! = 1 \times 2 \times 3 \times \cdots \times n$，函数原型为 double fac(int n);。

(2) 调用上述函数计算 C_m^k，计算公式为 $C_m^k = \dfrac{m!}{k!(m-k)!}$，函数原型为 double cmk(int m,int k);;在主函数中调用这两个函数计算 C_8^3 的结果。

2. 采用递归方法编写计算 x 的 n 次方的函数。

$$x^n = \begin{cases} 1, & n = 0 \\ x \cdot x^{n-1}, & n > 0 \end{cases}$$

3. 函数头为 double power(double x,int n)。在主函数中输入 x、n 并调用该函数求 x^n。

4. 采用递归方法求多项式：

$$P_n(x) = \begin{cases} 1, & n = 0 \\ x, & n = 1 \\ (2n-1)P_{n-1}(x) - (n-1)P_{n-2}(x)/n, & n > 1 \end{cases}$$

其中 n 和 x 为任意正整数,计算当 $x=10$ 时的 $P_1(x), P_2(x), \cdots, P_{30}(x)$。在主函数中输入数据并调用函数得到结果。

5.【提高题】编写函数实现将公历转换成农历的计算,要求在主函数中输入公历日期,调用函数得到农历结果并输出。(提示:公历转换成农历的算法可以从互联网上查找)

6.【提高题】设人民币的面额有(以元为单位):1分、2分、5分、1角、2角、5角、1元、2元、5元、10元、20元、50元。编写函数 void change(double m,double c);,其中 m 为商品价格,c 为顾客付款,函数能输出应给顾客找零金额的各种面额人民币的张数,且张数之和为最小。要求在主函数中输入商品价格和顾客付款,调用函数得到结果。

7. 编写函数实现左右循环移位。函数原型为 int move(int value,int n);,其中 value 为要循环移位的数,n 为移位的位数。如果 n<0 表示左移,n>0 表示右移,n=0 表示不移位。在主函数中输入数据并调用该函数得到结果,并输出结果。

第 5 章 预处理命令

5.1 选择题

1. 以下叙述中错误的是(　　)。
   A. 预处理命令行都必须以#开始
   B. 在程序中凡是以#开始的语句行都是预处理命令行
   C. C程序在执行过程中对预处理命令行进行处理
   D. 预处理命令行可以出现在C程序中任意一行上

2. 以下叙述中正确的是(　　)。
   A. 在程序的一行上可以出现多个有效的预处理命令行
   B. 使用带参数的宏时,参数的类型应与宏定义时的一致
   C. 宏替换不占用运行时间,只占用编译时间
   D. C语言的编译预处理就是对源程序进行初步的语法检查

3. 以下有关宏替换的叙述中错误的是(　　)。
   A. 宏替换不占用运行时间   B. 宏名无类型
   C. 宏替换只是字符替换   D. 宏名必须用大写字母表示

4. 设#define L(x)2*3.14*x,则L(x)是(　　)。
   A. 函数名   B. 函数调用
   C. 无参数的宏名   D. 带参数的宏名

5. 设#define P(x) x/x 执行语句 printf("%d",P(4+6));后的输出结果是(　　)。
   A. 1   B. 8.5   C. 11   D. 11.5

6. 若有宏定义#define MOD(x,y) x%y,下面程序段的结果是(　　)。

   ```
   int z, a=15;
   float b=100;
   z=MOD(b,a);
   printf("%d",z++);
   ```

   A. 11   B. 10   C. 6   D. 语法错误

7. 在任何情况下计算平方都不会引起二义性的宏定义是(　　)。
   A. #define POWER(x) x*x

B. ♯define POWER(x) (x)*(x)

C. ♯define POWER(x) (x*x)

D. ♯define POWER(x) ((x)*(x))

8. 下面程序执行后的输出结果是（　　）。

```
1  #include <stdio.h>
2  #define ADD(x)x+x
3  int main()
4  { int m=1,n=2,k=3,sum;
5      sum=ADD(m+n)*k;
6      printf("%d",sum);
7      return 0;
8  }
```

A. 9　　　　　B. 10　　　　　C. 12　　　　　D. 18

9. 下面程序执行后的输出结果是（　　）。

```
1  #include <stdio.h>
2  #define X 5
3  #define Y X+1
4  #define Z Y*X/2
5  int main()
6  { int a=Y;
7      printf("%d ",Z);
8      printf("%d",--a);
9      return 0;
10 }
```

A. 7 6　　　　B. 12 6　　　　C. 12 5　　　　D. 7 5

10. 下面程序执行后的输出结果是（　　）。

```
1  #include <stdio.h>
2  #define DOUBLE(r) r*r
3  int main()
4  { int x=1,y=2,t;
5      t=DOUBLE(x+y);
6      printf("%d",t);
7      return 0;
8  }
```

A. 5　　　　　B. 6　　　　　C. 7　　　　　D. 8

11. 定义宏将两个 float 类型变量的数据交换，下列写法中最好的是（　　）。

A. ♯define jh(a,b) t=a;a=b;b=t;

B. ♯define jh(a,b) {float t;t=a;a=b;b=t;}

C. ♯define jh(a,b) a=b;b=a;

D. #define jh(a,b,t) t=a;a=b;b=t;

12. 若有宏定义：

    ```
    #define N 3
    #define Y(n) ((N+1) * n)
    ```

    则表达式 2 * (N＋Y(5+1))的值是(　　)。

    A. 出错　　　　　B. 42　　　　　C. 48　　　　　D. 54

13. 已知宏定义 #define p(x,y,z) x=y*z;则宏替换 p(a,x+5,y-3.1)应为(　　)。

    A. a＝x＋5 * y－3.1;　　　　　　B. a＝(x＋5) * (y－3.1);
    C. a＝x＋5 * y－3.1　　　　　　 D. a＝(x＋5) * (y－3.1)

14. 下面程序执行后的输出结果是(　　)。

    ```
    1  #include <stdio.h>
    2  #define MA(x) x * (x-1)
    3  int main()
    4  { int a=1,b=2;
    5    printf("%d",MA(1+a+b));
    6    return 0;
    7  }
    ```

    A. 6　　　　　　B. 8　　　　　C. 10　　　　　D. 12

15. 下面程序执行后的输出结果是(　　)。

    ```
    1  #include <stdio.h>
    2  #define f(x) (x * x)
    3  int main()
    4  { int i1,i2;
    5    i1=f(8)/f(4);i2=f(4+4)/f(2+2);
    6    printf("%d,%d",i1,i2);
    7    return 0;
    8  }
    ```

    A. 64，28　　　B. 4，4　　　　C. 4，3　　　　D. 64，64

16. 下面程序执行后的输出结果是(　　)。

    ```
    1  #include <stdio.h>
    2  #define MAX(x,y) (x)>(y)?(x):(y)
    3  int main()
    4  { int a=5,b=2,c=3,d=3,t;
    5    t=MAX(a+b,c+d) * 10;
    6    printf("%d",t);
    7    return 0;
    8  }
    ```

    A. 9　　　　　　B. 8　　　　　C. 7　　　　　D. 6

17. 下面程序执行后的输出结果是(　　)。

```
1  #include <stdio.h>
2  #define R 0.5
3  #define AREA(x) R*x*x
4  int main()
5  { int a=1,b=2;
6    printf("%5.1f",AREA(a+b));
7    return 0;
8  }
```

A. 0.0 B. 0.5 C. 3.5 D. 4.5

18. C语言中的预定义宏__DATE__指定程序编译的日期格式为（　　）。

　　A. mmm dd yyyy　　　　　　　B. yyyy mmm dd

　　C. yyyy-mmm-dd　　　　　　　D. dd mmm yyyy

19. 在"文件包含"预处理命令形式中,当♯include 后面的文件名用" "(双引号)括起时,寻找被包含文件的方式是（　　）。

　　A. 直接按系统设定的标准方式搜索目录

　　B. 先在源程序所在目录中搜索,再按系统设定的标准方式搜索

　　C. 仅仅搜索源程序所在目录

　　D. 仅仅搜索当前目录

20. 在"文件包含"预处理命令形式中,当♯include 后面的文件名用＜ ＞(尖括号)括起时,寻找被包含文件的方式是（　　）。

　　A. 直接按系统设定的标准方式搜索目录

　　B. 先在源程序所在目录中搜索,再按系统设定的标准方式搜索

　　C. 仅仅搜索源程序所在目录

　　D. 仅仅搜索当前目录

5.2　判断题

1. 宏替换时先求出实参表达式的值,然后代入形参运算求值。（　　）

2. 宏替换不存在类型问题,它的参数也是无类型。（　　）

3. 在 C 语言标准库头文件中,包含了许多系统函数的原型声明,因此只要程序中使用了这些函数,则应包含这些头文件,以便编译系统能对这些函数调用进行检查。（　　）

4. H 头文件只能由编译系统提供。（　　）

5. ♯include 命令可以包含一个含有函数定义的 C 语言源程序文件。（　　）

6. 用♯include 包含的头文件的后缀必须是.h。（　　）

7. ♯include "C:\USER\F1.H"是正确的包含命令,表示文件 F1.H 存放在 C 盘的 USER 目录下。（　　）

8. ♯include ＜…＞命令中的文件名是不能包括路径的。（　　）

9. 可以使用条件编译命令来选择某部分程序是否被编译。（　　）

10.【提高题】在软件开发中,常用条件编译命令来形成程序的调试或正式版本。(　　)

5.3　程序阅读题

1．写出下面程序执行后的运行结果。

```
1  #include<stdio.h>
2  #define S(x) 4*x*x+1
3  int main()
4  {  int i=6,j=8;
5     printf("%d",S(i+j));
6     return 0;
7  }
```

2．写出下面程序执行后的运行结果。

```
1  #include <stdio.h>
2  #define N 2
3  #define M N+1
4  #define NUM 2*M+1
5  int main()
6  {  int i;
7     for(i=1;i<=NUM;i++)
8        printf("%d",i);
9        return 0;
10 }
```

3．写出下面程序执行后的运行结果。

```
1  #include <stdio.h>
2  #define SQR(X) X*X
3  int main()
4  {  int a=16,k=2,m=1;
5     a/=SQR(k+m)/SQR(k+m);
6     printf("%d",a);
7     return 0;
8  }
```

4．写出下面程序执行后的运行结果。

```
1  #include <stdio.h>
2  #define F(X,Y) (X)*(Y)
3  int main()
4  {  int a=3,b=4;
5     printf("%d",F(a++,b++));
6     return 0;
7  }
```

5. 写出下面程序执行后的运行结果。

```
1  #include <stdio.h>
2  #include <math.h>
3  #define ROUND(x,m) ((int)((x)*pow(10,m)+0.5)/pow(10,m))
4  int main()
5  {   printf("%f,%f",ROUND(12.3456,1),ROUND(12.3456,2));
6      return 0;
7  }
```

6. 头文件 CH09K006.h 的内容是：

```
1  #define N 5
2  #define M1 N*3
```

写出下面程序执行后的运行结果。

```
1  #include <stdio.h>
2  #include "CH09K006.h"
3  #define M2 N*2
4  int main()
5  {   int i;
6      i=M1+M2;
7      printf("%d",i);
8      return 0;
9  }
```

7. 【提高题】写出下面程序执行后的运行结果。

```
1  #include <stdio.h>
2  int main()
3  {   int b=5,y=3;
4  #define b 2
5  #define f(x) b*x
6      printf("%d␣",f(y+1));
7  #undef b
8      printf("%d␣",f(y+1));
9  #define b 3
10     printf("%d",f(y+1));
11     return 0;
12 }
```

8. 【提高题】写出下面程序执行后的运行结果。

```
1  #include <stdio.h>
2  #define DEBUG
3  int main()
4  {   int a=20,b=10,c;
5      c=a/b;
```

```
6   #ifdef DEBUG
7       printf("%d/%d=",a,b);
8   #endif
9       printf("%d",c);
10      return 0;
11  }
```

9.【提高题】写出下面程序执行后的运行结果。

```
1   #include <stdio.h>
2   int main()
3   {   int a=20,b=10,c;
4       c=a/b;
5   #ifdef DEBUG
6       printf("%d/%d=",a,b);
7   #endif
8       printf("%d",c);
9       return 0;
10  }
```

5.4 程序设计题

1. 三角形的面积为 area=$\sqrt{s(s-a)(s-b)(s-c)}$，其中 $s=\frac{1}{2}(a+b+c)$，a、b、c 为三角形的三边。定义两个带参数的宏，一个用来求 s，另一个用来求 area。编写程序在主函数中用带实参的宏名来求面积三角形的面积。

2. 我国最新的个人所得税(工资所得)缴纳方法为：每月取得工资收入后，先减去个人承担的基本养老保险金、医疗保险金、失业保险金，以及按省级政府规定标准缴纳的住房公积金，再减去费用扣除额 1600 元/月，为应纳税所得额，按 5% 至 45% 的九级超额(见下表)累进税率计算缴纳个人所得税。计算公式为：

应纳个人所得税税额＝应纳税所得额×适用税率－速算扣除数

级数	全月应纳税所得额	税率%	速算扣除法(元)
1	不超过 500 元的	5	0
2	超过 500 元至 2000 元的部分	10	25
3	超过 2000 元至 5000 元的部分	15	125
4	超过 5000 元至 20 000 元的部分	20	375
5	超过 20 000 元至 40 000 元的部分	25	1375
6	超过 40 000 元至 60 000 元的部分	30	3375
7	超过 60 000 元至 80 000 元的部分	35	6375
8	超过 80 000 元至 100 000 元的部分	40	10 375
9	超过 100 000 元的部分	45	15 375

将上述个人所得税缴纳计算用带参数宏定义出来,使用这个宏定义,编写程序计算应缴纳所得税金额。

3. 上互联网查询我国汽车贷款的计算办法,将这个计算办法用带参数宏定义出来,编写汽车贷款计算器程序,使用这个宏定义就能计算出每月需要支付的汽车贷款。

编写有参数的宏定义 xchg(n),计算将 n(unsigned char 型)低四位和高四位交换后的结果。在主函数中输入数据并使用该宏定义得到结果,并输出结果。

4.【提高题】编写程序,在主程序中输入三个数 a、b、menu,然后根据 menu 的值(menu=1,2,3,4),选择四个函数调用并打印结果。该四个函数原型为:
- int add(int a,int b)计算 a,b 的加法在文件 CH09P02a.C 中编写。
- int sub(int a,int b)计算 a,b 的减法在文件 CH09P02b.C 中编写。
- int mul(int a,int b)计算 a,b 的乘法在文件 CH09P02c.C 中编写。
- int div(int a,int b)计算 a,b 的除法在文件 CH09P02d.C 中编写。

5. 编写一个包含上述函数原型的头文件 CH09P02.h,在主程序文件 CH09P02.C 中使用♯include 包含它。建立 Visual C++ 6.0 项目工程文件,将以上所有源程序文件加入进行编译。

6. 通常,软件开发者发行程序时会发行免费的试用版本,这个试用版本的功能比正式版本要缺少某些功能。软件开发者并不是开发两套这样的程序,而是在程序中设置条件编译,这样当产生试用版本时选定一个编译开关,而产生正式版本时选定另一个编译开关。请按照这个原理,重新编写前一个题目,使得试用版本只有加法、减法功能。

第 6 章

数 组

6.1 选择题

1. 在 C 语言中引用数组元素时,下面关于数组下标数据类型的说法错误的是(　　)。
   A. 整型常量　　　　　　　　　　B. 整型表达式
   C. 整型常量或整型表达式　　　　D. 任何类型的表达式

2. 以下能正确定义一维数组 a 的选项是(　　)。
   A. int a[5]={0,1,2,3,4,5};　　　　B. char a[]={0,1,2,3,4,5};
   C. char a={'A','B','C'};　　　　　D. int a[5]="0123"

3. 以下能正确定义一维数组 a 的选项是(　　)。
   A. int a(10);　　　　　　　　　　B. int n=10,a[n];
   C. int n;　　　　　　　　　　　　D. ♯define SIZE 10
      scanf("%d",&n);　　　　　　　　　int a[SIZE];
      int a[n];

4. 若有定义:int a[10];则正确引用数组 a 元素的是(　　)。
   A. a[10]　　　B. a[3]　　　C. a(5)　　　D. a[-10]

5. 以下叙述中错误的是(　　)。
   A. 对于 double 类型数组,不可以直接用数组名对数组进行整体输入或输出
   B. 数组名代表的是数组所占存储区的首地址,其值不可改变
   C. 当程序执行中,数组元素的下标超出所定义的下标范围时,系统将给出"下标越界"的出错信息
   D. 可以通过赋初值的方式确定数组元素的个数

6. 以下正确的二维数组定义是(　　)。
   A. int a[][]={1,2,3,4,5,6};　　　　B. int a[2][]={1,2,3,4,5,6};
   C. int a[][3]={1,2,3,4,5,6};　　　　D. int a[2,3]={1,2,3,4,5,6};

7. 以下对二维数组 a 进行初始化正确的是(　　)。
   A. int a[2][]={{1,0,1},{5,2,3}};
   B. int a[][3]={{1,2,3},{4,5,6}};
   C. int a[2][4]={{1,2,3},{4,5},{6}};

D. int a[ ][3]={{1,0,1},{},{1,1}};

8. 若有定义：int a[3][4];则正确引用数组a元素的是(　　)。
   A. a[2][4]　　　　B. a[3][3]　　　　C. a[0][0]　　　　D. a[3][4]

9. 若定义了int b[ ][3]={1,2,3,4,5,6,7};则 b 数组第一维的长度是(　　)。
   A. 2　　　　　　B. 3　　　　　　C. 4　　　　　　D. 无确定值

10. 若有定义：int a[3][4]={0};以下叙述中正确的是(　　)。
    A. 只有元素a[0][0]可得到初值0
    B. 此说明语句不正确
    C. 数组a中各元素都可得到初值,但其值不一定为0
    D. 数组a中每个元素均可得到初值0

11. 若有定义：int a[ ][4]={0,0};以下叙述中错误的是(　　)。
    A. 数组a的每个元素都可得到初值0
    B. 二维数组a的第一维大小为1
    C. 因为初值个数除以a中第二维大小的值的商为0,故数组a的行数为1
    D. 只有元素a[0][0]和a[0][1]可得到初值0,其余元素均得不到初值0

12. 若二维数组a有m列,则计算元素a[i][j]在数组中相对位置的公式为(　　)。
    A. i*m+j　　　　B. j*m+i　　　　C. i*m+j−1　　　　D. i*m+j+1

13. 设char x[ ]="12345",y[ ]={'1','2','3','4','5','\0'};以下叙述中正确的是(　　)。
    A. x数组的长度等于y数组的长度
    B. x数组的长度大于y数组的长度
    C. x数组的长度少于y数组的长度
    D. x数组与y数组的存储区域相同

14. 下面是对字符数组s进行初始化,其中不正确的是(　　)。
    A. char s[5]={"abc"};　　　　　B. char s[5]={'a','b','c'};
    C. char s[5]="";　　　　　　　D. char s[5]="abcde";

15. 字符数组s不能作为字符串使用的是(　　)。
    A. char s[ ]="happy";
    B. char s[6]={'h','a','p','p','y','\0'};
    C. char s[ ]={"happy"};
    D. char s[5]={'h','a','p','p','y'};

16. 下面有关字符数组的描述中错误的是(　　)。
    A. 字符数组可以存放字符串
    B. 字符串可以整体输入、输出
    C. 可以在赋值语句中通过赋值运算对字符数组整体赋值
    D. 不可以用关系运算符对字符数组中的字符串进行比较

17. 下面程序段执行后的输出结果是(　　)。

    int k,a[3][3]={1,2,3,4,5,6,7,8,9};

```
for(k=0;k<3;k++)printf("%d",a[k][2-k]);
```

  A. 3 5 7   B. 3 6 9   C. 1 5 9   D. 1 4 7

18. 下面程序段执行后的输出结果是(　　)。

```
char c[5]={'a','b','\0','c','\0'};
printf("%s",c);
```

  A. 'a''b'   B. ab   C. ab c   D. abc

19. 有两个字符数组a、b，则(　　)是正确的输入语句。

  A. gets(a,b);   B. scanf("%s%s",a,b);
  C. scanf("％s％s",&a,&b); D. gets("a");gets("b");

20. 下面程序段执行后的输出结果是(　　)。

```
char a[7]="abcdef";
char b[4]="ABC";
strcpy(a,b);
printf("%c",a[5]);
```

  A. 空格   B. \0   C. e   D. f

21. 下面程序段执行后的输出结果是(　　)。

```
char c[]="\t\b\\\0will\n";
printf("%d",strlen(c));
```

  A. 14   B. 3   C. 9   D. 6

22. 判断字符串a是否大于b,应当使用(　　)。

  A. if (a>b)   B. if (strcmp(a,b))
  C. if (strcmp(b,a)>0) D. if (strcmp(a,b)>0)

23. 表达式 strcmp("3.14","3.278")的值是(　　)。

  A. 非零整数 B. 浮点数 C. 0   D. 字符

24. 有以下程序：

```
1  #include <stdio.h>
2  #include <string.h>
3  int main()
4  { char p[]={'a','b','c'},q[10]={'a','b','c'};
5    printf("%d%d",strlen(p),strlen(q));
6    return 0;
7  }
```

以下叙述中正确的是(　　)。

  A. 在给p和q数组置初值时，系统会自动添加字符串结束符，故输出的长度都为3
  B. 由于p数组中没有字符串结束符，长度不能确定；但q数组中字符串长度为3
  C. 由于q数组中没有字符串结束符，长度不能确定；但p数组中字符串长度为3

D. 由于 p 和 q 数组中都没有字符串结束符,故长度都不能确定

25. 下面程序运行时从键盘上输入：123 456 789↙,其输出结果是(　　)。

```
1  #include <stdio.h>
2  int main()
3  { char s[100];int c,i;
4    scanf("%c",&c);scanf("%d",&i);scanf("%s",s);
5    printf("%c,%d,%s",c,i,s);
6    return 0;
7  }
```

A. 123,456,789　　　　　　　B. 1,456,789

C. 1,23,456,789　　　　　　　D. 1,23,456

26. 下面程序运行时从键盘上输入：ABC↙,其输出结果是(　　)。

```
1  #include <stdio.h>
2  #include <string.h>
3  int main()
4  { char ss[10]="12345";
5    gets(ss);strcat(ss,"6789");printf("%s",ss);
6    return 0;
7  }
```

A. ABC6789　　　　　　　　B. ABC67

C. 12345ABC6　　　　　　　D. ABC456789

27. 下面程序执行后的输出结果是(　　)。

```
1  #include <stdio.h>
2  #include <string.h>
3  int main()
4  { char arr[2][4];
5    strcpy(arr,"you");
6    strcpy(arr[1],"me");
7    arr[0][3]='&';
8    printf("%s",arr);
9    return 0;
10 }
```

A. you&me　　　B. you　　　C. me　　　D. 错误

28. 下面程序执行后的输出结果是(　　)。

```
1  #include <stdio.h>
2  int main()
3  { char str[]="␣SSWLIA",c;int k;
4    for(k=2;(c=str[k])!='\0';k++){
5      switch(c){
6        case 'I': ++k;break;
```

```
7          case 'L': continue;
8          default : putchar(c);continue;
9        }
10       putchar('*');
11     }
12     return 0;
13   }
```

A. SSW　　　　　B. SW*　　　　　C. SW*A　　　　　D. SW

29. 下面程序执行后的输出结果是(　　)。

```
1  #include <stdio.h>
2  int main()
3  { int a[3][3]={{1,2},{3,4},{5,6}},i,j,s=0;
4    for(i=1;i<3;i++)
5      for(j=0;j<=i;j++)s+=a[i][j];
6    printf("%d",s);
7    return 0;
8  }
```

A. 18　　　　　B. 19　　　　　C. 20　　　　　D. 21

30. 下面程序执行后的输出结果是(　　)。

```
1  #include <stdio.h>
2  int main()
3  { char w[][10]={"ABCD","EFGH","IJKL","MNOP"},k;
4    for(k=1;k<3;k++)printf("%s",w[k]);
5    return 0;
6  }
```

A. ABCDFGHKL　　　　　B. ABCDEFGIJM
C. EFGJKO　　　　　　　D. EFGHIJKL

31. 若用数组名作为函数调用的实参,传递给形参的是(　　)。

A. 数组的首地址　　　　　B. 数组中第一个元素的值
C. 数组中的全部元素的值　D. 数组元素的个数

32. 设主调用函数为如下程序段,则函数 f 中对形参数组定义错误的是(　　)。

```
int a[3][4];
f(a);
```

A. f(int array[3][4])　　　　　B. f(int array[][4])
C. f(int array[3][])　　　　　　D. f(int array[4][3])

33. 下面程序执行后的输出结果是(　　)。

```
1  #include <stdio.h>
2  int f(int b[],int m,int n)
3  { int i,s=0;
```

```
4       for(i=m;i<n;i++)s=s+b[i-1];
5       return s;
6   }
7   int main()
8   { int x,a[]={1,2,3,4,5,6,7,8,9};
9     x=f(a,3,7);
10    printf("%d",x);
11    return 0;
12  }
```

A. 10　　　　B. 18　　　　C. 8　　　　D. 15

34. 下面程序执行后的输出结果是(　　)。

```
1   #include <stdio.h>
2   #define N 20
3   void fun(int a[],int n,int m)
4   { int i;
5     for(i=m;i>=n;i--)a[i+1]=a[i];
6   }
7   int main()
8   { int i;
9     int a[N]={1,2,3,4,5,6,7,8,9,10};
10    fun(a,2,9);
11    for(i=0;i<5;i++)printf("%d",a[i]);
12    return 0;
13  }
```

A. 10234　　　B. 12344　　　C. 12334　　　D. 12234

35. 下面程序执行后的输出结果是(　　)。

```
1   #include <stdio.h>
2   void f(int a[],int i,int j)
3   { int t;
4     if(i<j){
5        t=a[i];a[i]=a[j];a[j]=t;
6        f(a,i+1,j-1);
7     }
8   }
9   int main()
10  { int i,aa[5]={1,2,3,4,5};
11    f(aa,0,4);
12    for(i=0;i<5;i++)printf("%d",aa[i]);
13    return 0;
14  }
```

A. 54321　　　B. 52341　　　C. 12345　　　D. 12543

36. 设函数 fun 的定义形式为：void fun(char ch[],float x){…}，则以下对函数 fun 的调用语句中，正确的是（　　）。

    A. fun("abc",3.0);　　　　　　B. t=fun('D',16.5);
    C. fun('65',2.8);　　　　　　　D. fun(32,32);

6.2 填空题

1. C 语言数组的下标总是从_____开始，不可以为负数；数组各个元素具有相同的_____。
2. 在 C 语言中，二维数组的元素在内存中的存放顺序是_____。
3. 在 C 语言中，一个二维数组可以看成若干个_____数组。
4. 若有定义：int a[3][4]={{1,2},{0},{4,6,8,10}};则初始化后 a[1][2]的值为_____，a[2][1]得到的值为_____。
5. 若有定义：double x[3][5];则 x 数组中行下标的上限为_____，列下标的上限为_____。
6. 字符串是以_____为结束标志的一维字符数组。若有定义：char a[]="";则 a 数组的长度是_____。
7. 字符串"ab\n\\012\\"的长度是_____。
8. 若有定义：char a[]="abcdefg",b[10]="abcdefg";语句 printf("%d %d",sizeof(a),sizeof(b));"执行后的输出结果是_____。
9. 欲为字符串 S1 输入"Hello␣␣World!"，其语句是_____。
10. 欲将字符串 S1 复制到字符串 S2 中，其语句是_____。
11. 如果在程序中调用了 strcat 函数，则需要预处理命令_____。如果调用了 gets 函数，则需要预处理命令_____。
12. 程序中使用了字符运算函数（如 isupper），则需要预处理命令_____。
13. 若有定义：char a[]="windows",b[]="9x";则执行语句 printf("%s",strcat(a,b));"后的输出结果为_____。
14. 下面程序段执行后的输出结果是_____。

```
char x[]="the teacher";int i=0;
while(x[++i]!='\0')
if(x[i-1]=='t')printf("%c",x[i]);
```

15. 下面程序执行后的输出结果是_____。

```
#include <stdio.h>
int main()
{char b[]="Hello,you";
b[5]=0;
printf("%s",b);
return 0;
}
```

16. 下面程序段的输出结果为_____。

```
char a[7]="a0\0a0\0";int i,j;
i=sizeof(a);j=strlen(a);
printf("%d %d",i,j);
```

6.3 程序阅读题

1. 写出下面程序执行后的运行结果。

```
1  #include <stdio.h>
2  int main()
3  {   int i,n[]={0,0,0,0,0};
4      for(i=1;i<=4;i++){
5          n[i]=n[i-1] * 2+1;
6          printf("%d ",n[i]);
7      }
8      return 0;
9  }
```

2. 下面程序运行时从键盘上输入：1␣2␣3␣-4↙，写出程序的运行结果。

```
1   #include <stdio.h>
2   int main()
3   {   int i,k=0,s=0,a[10];
4       while(1){
5           scanf("%d",&a[k]);
6           if(a[k]<=0)break;
7           s=s+a[k++];
8       }
9       for(i=0;i<k;i++)printf("%d",a[i]);
10      printf("%d",s);
11      return 0;
12  }
```

3. 写出下面程序执行后的运行结果。

```
1   #include <stdio.h>
2   int main()
3   {   int x[]={1,3,5,7,2,4,6,0},i,j,k;
4       for(i=0;i<3;i++)
5           for(j=2;j>=i;j--)
6               if(x[j+1]>x[j]){ k=x[j];x[j]=x[j+1];x[j+1]=k;}
7       for(i=0;i<3;i++)
8           for(j=4;j<7-i;j++)
9               if(x[j+1]>x[j]){ k=x[j];x[j]=x[j+1];x[j+1]=k;}
```

```
10      for(i=0;i<3;i++)
11          for(j=4;j<7-i;j++)
12              if(x[j]>x[j+1]){ k=x[j];x[j]=x[j+1];x[j+1]=k;}
13      for(i=0;i<8;i++)printf("%d",x[i]);
14      return 0;
15  }
```

4. 写出下面程序执行后的运行结果。

```
1   #include <stdio.h>
2   int main()
3   { int a[6][6],i,j;
4       for(i=1;i<6;i++)
5           for(j=1;j<6;j++)
6               a[i][j]=(i/j)*(j/i);
7       for(i=1;i<6;i++){
8           for(j=1;j<6;j++)
9               printf("%2d",a[i][j]);
10          printf("\n");
11      }
12      return 0;
13  }
```

5. 写出下面程序执行后的运行结果。

```
1   #include <stdio.h>
2   int main()
3   { int a[4][4]={{1,2,3,4},{5,6,7,8},{11,12,13,14},{15,16,17,
4                   18}};
5       int i=0,j=0,s=0;
6       while(i++<4){
7           if(i==2||i==4)continue;
8           j=0;
9           do{s+=a[i][j];j++;}while(j<4);
10      }
11      printf("%d",s);
12      return 0;
13  }
```

6. 写出下面程序执行后的运行结果。

```
1   #include <stdio.h>
2   int main()
3   { int b[3][3]={0,1,2,0,1,2,0,1,2},i,j,t=1;
4       for(i=0;i<3;i++)
5           for(j=i;j<=i;j++)t=t+b[i][b[j][j]];
```

```
6      printf("%d",t);
7      return 0;
8  }
```

7. 写出下面程序执行后的运行结果。

```
1  #include<stdio.h>
2  int main()
3  { int i,j,a[4][4];
4      for(i=0;i<4;i++)
5          for(j=0;j<4;j++)a[i][j]=1+i-j;
6      for(i=0;i<4;i++){
7          for(j=0;j<4;j++)
8              if(a[i][j]>0)printf("%3d",a[i][j]);
9          putchar('\n');
10     }
11     return 0;
12 }
```

8. 写出下面程序执行后的运行结果。

```
1  #include<stdio.h>
2  int main()
3  { int a[4][3]={{1,2,3},{-2,0,2},{1,0,1},{-1,2,-3} };
4      int b[3][2]={{-1,3},{-2,2},{2,1}};
5      int c[4][2],i,j,k,s;
6      for(i=0;i<4;i++){
7          for(k=0;k<2;k++){
8              s=0;
9              for(j=0;j<3;j++)
10                 s+=a[i][j]*b[j][k];
11             c[i][k]=s;
12             printf("%4d",s);
13         }
14         printf("\n");
15     }
16     return 0;
17 }
```

9. 写出下面程序执行后的运行结果。

```
1  #include<stdio.h>
2  int main()
3  { char a[8]={' '}, t;
4      int j,k;
5      for(j=0;j<5;j++)a[j]=(char)('a'+j);
```

```
6       for(j=0;j<4;j++){
7           t=a[4];
8           for(k=4;k>0;k--)a[k]=a[k-1];
9           a[0]=t;
10      }
11      printf("%s",a);
12      return 0;
13  }
```

10. 下面程序运行时从键盘上输入：AabD↙，写出程序的运行结果。

```
1   #include<stdio.h>
2   int main()
3   { char s[80];int i=0;
4       gets(s);
5       while(s[i]!='\0'){
6           if(s[i]<='z' && s[i]>='a')
7               s[i]='z'+'a'-s[i];
8           i++;
9       }
10      puts(s);
11      return 0;
12  }
```

11. 写出下面程序执行后的运行结果。

```
1   #include<stdio.h>
2   int main()
3   { int i=0;
4       char c,s[]="SABC";
5       while(c=s[i]){
6           switch(c){
7               case 'A': i++;break;
8               case 'B': ++i;
9               default : putchar(c);i++;
10          }
11          putchar('*');
12      }
13      return 0;
14  }
```

12. 写出下面程序执行后的运行结果。

```
1   #include<stdio.h>
2   int main()
3   { int i,c;char s[2][5]={"1980","9876"};
4       for(i=3;i>=0;i--){
```

```
5        c=s[0][i]+s[1][i]-2*'0';
6        s[0][i]=c%10;
7      }
8      for(i=0;i<=1;i++)puts(s[i]);
9      return 0;
10   }
```

13. 写出下面程序执行后的运行结果。

```
1   #include <stdio.h>
2   #include <string.h>
3   int main()
4   { char ch[]="abc",x[3][4];int i;
5     for(i=0;i<3;i++)strcpy(x[i],ch);
6     for(i=0;i<3;i++)printf("%s",&x[i][i]);
7     return 0;
8   }
```

14. 写出下面程序执行后的运行结果。

```
1   #include <stdio.h>
2   float f(float a,float b)
3   { static float x;
4     float y;
5     x=(y=a>b ? a:b)>x ? y : x;
6     return x;
7   }
8   int main()
9   { float a[5]={2.5,-1.5,7.5,4.5,6.5};
10    int i;
11    for(i=0;i<4;i++)
12       printf("%.1f ",f(a[i],a[i+1]));
13    return 0;
14  }
```

15. 下面程序运行时从键盘上输入：abcd↙,写出程序的运行结果。

```
1   #include <stdio.h>
2   #include <string.h>
3   insert(char str[])
4   { int i;
5     i=strlen(str);
6     while(i>0){
7        str[2*i]=str[i];str[2*i-1]='*';i--;
8     }
9     printf("%s",str);
10  }
```

```
11  int main()
12  {   char str[40];
13      scanf("%s",str);insert(str);
14      return 0;
15  }
```

16. 写出下面程序执行后的运行结果。

```
1   #include <stdio.h>
2   void sort(int a[],int s,int N)
3   {   int i,j,t;
4       for(i=s;i<N-1;i++)
5           for(j=i+1;j<N;j++)
6               if(a[i]<a[j]){
7                   t=a[i],a[i]=a[j],a[j]=t;
8               }
9   }
10  int main()
11  {   int aa[10]={1,2,3,4,5,6,7,8,9,10},i;
12      sort(aa,3,8);
13      for(i=0;i<10;i++)printf("%d ",aa[i]);
14      return 0;
15  }
```

17. 写出下面程序执行后的运行结果。

```
1   #include <stdio.h>
2   #include <string.h>
3   void f(char p[][10],int N)
4   {   char t[20];int i,j;
5       for(i=0;i<N-1;i++)
6           for(j=i+1;j<N;j++)
7               if(strcmp(p[i],p[j])<0){
8                   strcpy(t,p[i]);
9                   strcpy(p[i],p[j]);
10                  strcpy(p[j],t);
11              }
12  }
13  int main()
14  {   char p[][10]={"abc","aabdfg","abbd","dcdbe","cd"};
15      f(p,5);
16      printf("%d",strlen(p[0]));
17      return 0;
18  }
```

18. 写出下面程序执行后的运行结果。

```
1   #include <stdio.h>
2   void reverse(int a[],int n)
3   { int i,t;
4       for(i=0;i<n;i++){t=a[i];a[i]=a[n-1-i];a[n-1-i]=t;}
5   }
6   int main()
7   { int b[10]={1,2,3,4,5,6,7,8,9,10};int i,s=0;
8       reverse(b,8);
9       for(i=6;i<10;i++)s+=b[i];
10      printf("%d",s);
11      return 0;
12  }
```

6.4 程序修改题

1. 下面程序的功能是为数组输入数据并输出。判断下面程序的正误,如果有错误请改正过来。

```
1   #include <stdio.h>
2   int main()
3   { int a[3];int i;
4       for(i=0;i<=4;i++)scanf("%d",&a[i]);
5       for(i=0;i<=4;i++)printf("%d",a[i]);
6       return 0;
7   }
```

2. 下面程序的功能是为数组输入数据并输出。判断下面程序的正误,如果有错误请改正过来。

```
1   #include <stdio.h>
2   int main()
3   { int a[3]={1,2,3},i;
4       scanf("%d%d%d",&a);
5       for(i=0;i<3;i++)printf("%d",a[i]);
6       return 0;
7   }
```

3. 下面程序的功能是将 n 个无序整数从小到大排序。判断下面程序的正误,如果有错误请改正过来。

```
1   #include <stdio.h>
2   int main()
3   { int a[100],i,j,p,t,n=20;
4       for(j=0;j<n;j++)scanf("%d",&a[j]);
5       for(j=0;j<n-1;j++)
```

```
6      {  p=j;
7         for(i=j+1;i<n-1;i++)
8            if(a[p]>a[i])t=i;
9         if(p!=j)
10        {  t=a[j];a[j]=a[p];a[p]=t;}
11     }
12     for(j=0;j<n;j++)printf("%d ",a[j]);
13     return 0;
14  }
```

4. 下面程序的功能是先将在字符串 s 中的字符按逆序存放到 t 串中,然后把 s 中的字符按正序连接到 t 串的后面。例如,当 s 中的字符串为 ABCDE 时,则 t 中的字符串应为：EDCBAABCDE。判断下面程序的正误,如果有错误请改正过来。

```
1   #include <stdio.h>
2   #include <string.h>
3   int main()
4   {  char s[80],t[200];int i,sl;
5      gets(s);
6      sl=strlen(s);
7      for(i=0;i<sl;i++)t[i]=s[sl-i];
8      for(i=0;i<sl;i++)t[sl+i]=s[i];
9      puts(t);
10     return 0;
11  }
```

5. 下面程序的功能是统计子字符串 substr 在字符串 str 中出现的次数。例如,若字符串为 aaas lkaaas,子字符串为 as,则应输出 2。判断下面程序的正误,如果有错误请改正过来。

```
1   #include <stdio.h>
2   int main()
3   {  char substr[80],str[80];
4      int i,j,k,num=0;
5      gets(substr);gets(str);
6      for(i=0,str[i],i++)
7         for(j=i,k=0;substr[k]==str[j];k++,j++)
8            if(substr[k+1]!='\0'){
9               num++;break;
10           }
11     printf("num=%d",num);
12     return 0;
13  }
```

6. 下面函数 fun 的功能是统计字符串 s 中各元音字母(即 A、E、I、O、U)的个数(注意：字母不分大、小写)。判断下面程序的正误,如果有错误请改正过来。

```
1   fun(char s[],int num[5])
2   {   int k,i=5;
3       for(k=0;k<i;k++)num[i]=0;
4       for(k=0;s[k];k++){
5           i=-1;
6           switch(s[k]){
7               case 'a': case 'A': i=0;
8               case 'e': case 'E': i=1;
9               case 'i': case 'I': i=2;
10              case 'o': case 'O': i=3;
11              case 'u': case 'U': i=4;
12          }
13          if(i>=0)num[i]++;
14      }
15  }
```

6.5 程序填空题

1. 下面程序的功能是将十进制整数 n 转换成 base 进制。请填空使程序完整、正确。

```
1   #include<stdio.h>
2   int main()
3   {   int i=0,base,n,j,num[20];
4       scanf("%d",&n);
5       scanf("%d",&base);
6       do{
7           i++;
8           num[i]=①_____;
9           n=②_____;
10      }while(n!=0);
11      for(③_____)
12          printf("%d",num[j]);
13      return 0;
14  }
```

2. 下面程序的功能是输入 10 个数，找出最大值和最小值所在的位置，并把两者对调，然后输出调整后的 10 个数。请填空使程序完整、正确。

```
1   #include<stdio.h>
2   int main()
3   {   int a[10],max,min,i,j,k;
4       for(i=0;i<10;i++)scanf("%d",&a[i]);
5       max=min=a[0],j=k=0;
6       for(i=0;i<10;i++){
```

```
7         if(a[i]<min){min=a[i];①_____;}
8         if(a[i]>max){max=a[i];②_____;}
9     }
10    ③_____;
11    for(i=0;i<10;i++)printf("%d",a[i]);
12    return 0;
13 }
```

3. 下面程序的功能是将数组输入数据，逆序置换后输出。逆序置换是指数组的首元素和末元素置换，第二个元素和倒数第二个元素置换……。请填空使程序完整、正确。

```
1  #include <stdio.h>
2  #define N 8
3  int main()
4  { int i,j,t,a[N];
5     for(i=0;i<N;i++)scanf("%d",a[i]);
6     i=0;j=N-1;
7     while(i<j){
8         t=a[i],①_____,a[i]=t;
9         i++,②_____;
10    }
11    for(i=0;i<N;i++)printf("%5d",a[i]);
12    return 0;
13 }
```

4. 下面程序的功能是用"两路合并法"把两个已按升序（由小到大）排列的数组合并成一个新的升序数组。请填空使程序完整、正确。

```
1  #include <stdio.h>
2  int main()
3  { int c[10],i=0,j=0,k=0;
4     int a[3]={5,9,10};int b[5]={12,24,26,37,48};
5     while(i<3 && j<5)
6         if(①_____){
7             c[k]=b[j];k++;j++;
8         }
9         else {
10            c[k]=a[i];k++;i++;
11        }
12    while(②_____){
13        c[k]=a[i];i++;k++;
14    }
15    while(③_____){
16        c[k]=b[j];j++;k++;
17    }
18    for(i=0;i<k;i++)printf("%d ",c[i]);
```

```
19      return 0;
20  }
```

5. 下面程序的功能是用"顺序查找法"查找数组 a 中是否存在某一关键字。请填空使程序完整、正确。

```
1   #include <stdio.h>
2   int main()
3   {   int a[10]={25,57,48,371,123,291,18,22,44};int i=0,x;
4       scanf("%d",&x);
5       ①_____;
6       while(a[i]!=x)i++;
7       if(②_____)printf("找到在%d",i);
8       else printf("找不到!");
9       return 0;
10  }
```

6. 下面程序的功能是用"插入法"对数组 a 进行由大到小的排序。请填空使程序完整、正确。

提示：简单插入排序算法的基本思想是将数组处理 n−1 次,第 k 次处理是将第 k 个元素插入到目前的位置。第 k 次的元素是这样插入的：在第 k 次处理时,前面的元素 a[0],a[1],…,a[k−1]必定已排成了升序,将 a[k]与 a[k−1],a[k−2],…,a[0]逐个比较（由后向前）,若有 a[j]<a[k],则 a[k]插入到 a[j]之后,否则 a[k]维持原位不变。

```
1   #include <stdio.h>
2   int main()
3   {   int a[10]={191,3,6,4,11,7,25,13,89,10};int i,j,k;
4       for(i=1;i<10;i++){
5           k=a[i];
6           j=①_____;
7           while(j>=0 && k>a[j]){
8               ②_____;
9               j--;
10          }
11          ③_____=k;
12      }
13      for(i=0;i<10;i++)printf("%d",a[i]);
14      return 0;
15  }
```

7. 下面程序的功能是求矩阵 a,b 的乘积,结果存放在矩阵 C 中并按矩阵形式输出。请填空使程序完整、正确。

```
1   #include <stdio.h>
2   int main()
```

```
 3    {
 4        int a[3][2]={2,10,9,4,5,119},b[2][2]={-1,-2,-3,-4};
 5        int i,j,k,s,c[3][2];
 6        for(i=0;i<3;i++)
 7            for(j=0;j<2;j++){
 8                ①_____;
 9                for(k=0;k<2;k++)
10                    s+=②_____;
11                c[i][j]=s;
12            }
13        for(i=0;i<3;i++){
14            for(j=0;j<2;j++)
15                printf("%6d",c[i][j]);
16            ③_____;
17        }
18        return 0;
19    }
```

8. 下面程序的功能是将二维数组 a 中每个元素向右移一列,最右一列换到最左一列,移后的结果保存到 b 数组中,并按矩阵形式输出 a 和 b。请填空使程序完整、正确。

$$a = \begin{bmatrix} 4 & 5 & 6 \\ 1 & 2 & 3 \end{bmatrix} \Rightarrow b = \begin{bmatrix} 6 & 4 & 5 \\ 3 & 1 & 2 \end{bmatrix}$$

```
 1    #include <stdio.h>
 2    int main()
 3    {   int a[2][3]={{4,5,6},{1,2,3}},b[2][3],i,j;
 4        for(i=0;i<2;i++){
 5            for(j=0;j<2;j++)
 6                ①_____;
 7        }
 8        for(②_____)b[i][0]=a[i][2];
 9        for(i=0;i<2;i++){
10            for(j=0;j<3;j++)
11                printf("%5d",b[i][j]);
12            ③_____;
13        }
14        return 0;
15    }
```

9. 下面程序的功能是利用二维数组形成一个五行的杨辉三角形。请填空使程序完整、正确。

```
                   ␣1↙
                 ␣1␣1↙
               ␣1␣2␣1↙
             ␣1␣3␣3␣1↙
           ␣1␣4␣6␣4␣1
```

```
1    #include <stdio.h>
2    #define N 5
3    int main()
4    {   int m,n,a[N][N];
5        for(m=0;m<N;m++){
6            a[m][0]=a[m][m]=①_____;
7            for(n=1;n<m;n++)
8                a[m][n]=a[m-1][n-1]+②_____;
9        }
10       for(m=0;m<N;m++){
11           for(n=0;n<=m;n++)
12               printf("%2d",a[m][n]);
13           ③_____;
14       }
15       return 0;
16   }
```

10. 下面程序的功能是在 3 行 4 列的二维数组中找出每一行上的最大值并输出。请填空使程序完整、正确。

```
1    #include <stdio.h>
2    int main()
3    {   int x[3][4]={1,5,7,4,2,6,4,3,8,2,3,1},i,j,p;
4        for(i=0;i<3;i++){
5            p=①_____;
6            for(j=1;j<4;j++)
7                if(x[i][p]<x[i][j])②_____;
8            printf("第%d行最大值为%d\n",i,③_____);
9        }
10       return 0;
11   }
```

11. 下面程序的功能是在一个字符串中查找一个指定的字符,若字符串中包含该字符则输出该字符在字符串中第一次出现的位置(下标值),否则输出－1。请填空使程序完整、正确。

```
1    #include <string.h>
2    #include <stdio.h>
3    int main()
4    {   char c='a',t[50];int len,j,k;
```

```
5       gets(t);
6       len=①_____;
7       for(k=0;k<len;k++)
8           if(②_____){j=k;break;}
9           else j=-1;
10      printf("%d",j);
11      return 0;
12  }
```

12. 下面程序的功能是将字符串 b 的内容连接字符数组 a 的内容后面,形成新字符串 a。请填空使程序完整、正确。

```
1   #include <stdio.h>
2   int main()
3   {   char a[40]="Great ",b[]="Wall";
4       int i=0,j=0;
5       while(a[i]!='\0')i++;
6       while(①_____){
7           a[i]=b[j];i++;j++;
8       }
9       ②_____;
10      printf("%s",a);
11      return 0;
12  }
```

13. 下面函数用"折半查找法"从有 10 个数的 a 数组中对关键字 m 查找,若找到,返回其下标值,否则返回 -1。请填空使程序完整、正确。

提示:折半查找法的思路是先确定待查元素的范围,将其分成两半,然后比较位于中间点元素的值。如果该待查元素的值大于中间点元素的值,则将范围重新设定为大于中间点元素的范围,反之亦反。

```
1   int search(int a[10],int m)
2   {   int x1=0,x2=9,mid;
3       while(x1<=x2){
4           mid=(x1+x2)/2;
5           if(m<a[mid])①_____;
6           else if(m>a[mid])②_____;
7           else return(mid);
8       }
9       return(-1);
10  }
```

14. 下面 rotate 函数的作用是将 n 行 n 列的矩阵 A 转置为 A'。请填空使程序完整、正确。

```
1   #define N 4
```

```
2   void rotate(int a[N][N])
3   {   int i,j,t;
4       for(i=0;i<N;i++)
5       for(j=0;①_____;j++){
6           t=a[i][j];
7           ②_____;
8           a[j][i]=t;
9       }
10  }
```

15. 下面 fun 函数的作用是将 a 所指 N 行 N 列的二维数组中的最后一行放到 b 所指二维数组的第 0 列中，把 a 所指二维数组中的第 0 行放到 b 所指二维数组的最后一列中，b 所指二维数组中其他数据不变。请填空使程序完整、正确。

```
1   #define N 4
2   void fun(int a[][N],int b[][N])
3   {   int i,j;
4       for(i=0;i<N;i++){
5           b[i][N-1]=①_____;
6           ②_____=a[N-1][i];
7       }
8   }
```

6.6 程序设计题

1. 编写程序在一个二维数组(int a[5][5];)中形成并按下列形式输出矩阵各元素的值。

```
1 ␣ 0 ␣ 0 ␣ 0 ␣ 0↙
2 ␣ 1 ␣ 0 ␣ 0 ␣ 0↙
3 ␣ 2 ␣ 1 ␣ 0 ␣ 0↙
4 ␣ 3 ␣ 2 ␣ 1 ␣ 0↙
5 ␣ 4 ␣ 3 ␣ 2 ␣ 1↙
```

2. 有一篇文章，共有 3 行文字，每行有 80 个字符。编写程序分别统计出文章中英文大写字母、小写字母、中文字符、数字、空格及其他字符的个数。(提示：中文字符是两个字节、且数值均大于 128 的字符)。

3. 编写程序以字符串为单位，以空格或标点符号(字符串中仅含','或'.'作为标点符号)作为分隔符，对字符串中所有单词进行倒排，之后把已处理的字符串(应不含标点符号)打印出来。例如：

You ␣ He ␣ Me↙
I ␣ am ␣ a ␣ student. I ␣ like ␣ study.

结果为

Me␣He␣You↙
study␣like␣I␣student␣a␣am␣I

4. 编写程序,它能读入构成集合 A,B 的两组非零整数 $x_1,x_2,\cdots,x_m,y_1,y_2,\cdots,y_n$。计算 A 与 B 的交集 $A \cap B$,再以由小到大的顺序输出 $A \cap B$ 中的元素,$A \cap B$ 为空时无输出。

5. 编写程序求两个非常大的正整数的乘法 $N \times M$。(提示:使用数组来保存非常大的正整数的每一位)

6. 如果 M/N 是无限循环小数,编写程序求一个分数 $M/N(0<M<N\leqslant 100)$ 的循环数(无限循环的数字串),例如:5/7 的循环数是 714 285。

7. 设平面上有 n 个点 $(0\leqslant n\leqslant 100)$,每个点用一对坐标 (x,y) 表示,编写程序找出距离坐标原点 $(0,0)$ 最远的点(可能不止一个)。

8. 甲、乙、丙三位渔夫出海打鱼,他们随船带了 21 只箩筐。当晚返航时,他们发现有 7 筐装满了鱼,还有 7 筐装了半筐鱼,另外 7 筐则是空的,由于他们没有秤,只好通过目测认为 7 个满筐鱼的重量是相等的,7 个半筐鱼的重量是相等的。在不将鱼倒出来的前提下,编写程序将鱼和筐平分为三份。

9. 请将不超过 1993 的所有素数从小到大排成第一行,第二行上的每个素数都等于它右肩上的素数之差。编写程序求第二行数中是否存在这样的若干个连续的整数,它们的和恰好是 1898。假如存在的话,又有几种这样的情况?

10.【提高题】约瑟夫问题:这是 17 世纪的法国数学家加斯帕在《数的游戏问题》中讲的一个故事:15 个教徒和 15 个非教徒在深海上遇险,必须将一半的人投入海中,其余的人才能幸免于难,于是想了一个办法:30 个人围成一圆圈,从第一个人开始依次报数,每数到第九个人就将他扔入大海,如此循环进行直到仅余 15 个人为止。问怎样排法,才能使每次投入大海的都是非教徒。

11.【提高题】八皇后问题:在一个 8×8 国际象棋盘上,有 8 个皇后,每个皇后占一格;要求皇后间不会出现相互"攻击"的现象,即不能有两个皇后处在同一行、同一列或同一对角线上。编写程序求共有多少种不同的排列方法。

12.【提高题】给定 11 个观察值如下:

x	0.0	0.1	0.2	0.3	0.4	0.5	0.6	0.7	0.8	0.9	1.0
y	2.75	2.84	2.965	3.01	3.20	3.25	3.38	3.43	3.55	3.66	3.74

编写程序求一元线性回归系数 a 与 b、偏差平方和 q、平均标准偏差 s、回归平方和 p、偏差最大值 umax、偏差最小值 umin、偏差平均值 u。

13.【提高题】编写程序输出 5 阶魔方阵。所谓 n 阶魔方阵,就是把 $1\sim n^2$ 个连续的正整数填到一个 $n\times n$ 的方阵中,使得每一列的和、每一行的和,以及两个对角线的和都相等。

14.【提高题】编写函数 int add(char s[]);计算字符串形式的逆波兰表达式(即两个操作数在前,运算符在后)。例如:23+4*则计算(2+3)*4,又如 234+*则计算 2*(3+4)。要求在主函数中输入这样的字符串,调用 add 函数计算表达式的值。

第7章 指针

7.1 选择题

1. 变量的指针,其含义是指该变量的( )。
   A. 值　　　　B. 地址　　　　C. 名　　　　D. 一个标志

2. 已有定义 int k=2;int *ptr1,*ptr2;且 ptr1 和 ptr2 均已指向变量 k,下面不能正确执行的赋值是( )。
   A. k=*ptr1+*ptr2   B. ptr2=k
   C. ptr1=ptr2   D. k=*ptr1*(*ptr2)

3. 若有定义 int *p,m=5,n;以下程序段正确的是( )。
   A. p=&n;   B. p=&n;
      scanf("%d",&p);   scanf("%d",*p);
   C. scanf("%d",&n);   D. p=&n;
      *p=n;   *p=m;

4. 若有 int *p,a=4;和 p=&a;下面( )均代表地址。
   A. a,p,*&a   B. &*a,&a,*p   C. &p,*p,&a   D. &a,&*p,p

5. 若变量已正确定义并且指针 p 已经指向变量 x,则 *&x 相当于( )。
   A. x   B. p   C. &x   D. &*p

6. 若定义了 int m,n=0,*p1=&m;则下列( )表达式与 m=n 等价。
   A. m=*p1   B. *p1=&n   C. *&p1=&*n   D. *p1=*&n

7. 假如指针 p 已经指向整型变量 x,则(*p)++相当于( )。
   A. x++   B. p++   C. *(p++)   D. &x++

8. 对于基类型相同的两个指针变量之间,不能进行的运算是( )。
   A. <   B. =   C. +   D. -

9. 若程序中已包含头文件 stdio.h,以下选项中正确运用指针变量的程序段是( )。
   A. int *i=NULL;   B. float *f=NULL;
      scanf("%d",i);   *f=10.5;
   C. char t='m',*c=&t;   D. long *L;
      *c=&t;   L='\0';

10. 有如下函数和变量定义 int a＝25;执行语句 print_value(&a);后的输出结果是( )。

```
void print_value(int * x)
{ printf("%d",++ * x);}
```

A. 23　　　　B. 24　　　　C. 25　　　　D. 26

11. 若有定义 char s[10];则在下面表达式中不表示 s[1]的地址的是( )。
A. s+1　　　B. s++　　　C. &s[0]+1　　D. &s[1]

12. 若有定义 int a[5],*p=a;则对 a 数组元素的正确引用是( )。
A. *&a[5]　　B. a+2　　　C. *(p+5)　　D. *(a+2)

13. 若有定义 int a[5],*p=a;则对 a 数组元素地址的正确引用是( )。
A. p+5　　　B. *a+1　　　C. &a+1　　　D. &a[0]

14. 若要对 a 进行合法的自减运算,则之前应有下面( )的说明。
A. int p[3];　　B. int k;　　　C. char * a[3];　　D. int b[10];
　　int * a=p;　　　int * a=&k;　　　　　　　　　　int * a=b+1;

15. 若有定义 int x[10]={0,1,2,3,4,5,6,7,8,9},*p1;则数值不为 3 的表达式是( )。
A. x[3]　　　　　　　　　　　　B. p1=x+3,*p1++
C. p1=x+2,*(p1++)　　　　　　 D. p1=x+2,*++p1

16. 设 int x[]={1,2,3,4,5,6,7,8,9,0},*p=x,k;且 0≤k<10,则对数组元素 x[k]的错误引用是( )。
A. p+k　　　B. *(x+k)　　C. x[p−x+k]　　D. *(&x[k])

17. 设 double * p[6];则( )。
A. p 是指向 double 型变量的指针
B. p 是 double 型数组
C. p 是指针数组,其元素是指向 double 型变量的指针
D. p 是数组指针,指向 double 型数组

18. 若有定义 int x[6]={2,4,6,8,5,7},*p=x,i;要求依次输出 x 数组 6 个元素中的值,不能完成此操作的语句是( )。
A. for(i=0;i<6;i++) printf("%2d",*(p++));
B. for(i=0;i<6;i++) printf("%2d",*(p+i));
C. for(i=0;i<6;i++) printf("%2d",*p++);
D. for(i=0;i<6;i++) printf("%2d",(*p)++);

19. 下面程序执行后的输出结果是( )。

```
1  #include <stdio.h>
2  void sum(int * a)
3  { a[0]=a[1];}
4  int main()
5  { int aa[10]={1,2,3,4,5,6,7,8,9,10},i;
```

```
6      for(i=2;i>=0;i--)sum(&aa[i]);
7      printf("%d",aa[0]);
8      return 0;
9    }
```

   A. 1   B. 2   C. 3   D. 4

20. 下面程序执行后的输出结果是(　　)。

```
1    #include <stdio.h>
2    int main()
3    {  int a[10]={1,2,3,4,5,6,7,8,9,10},*p=&a[3],*q=p+2;
4       printf("%d",*p+*q);
5       return 0;
6    }
```

   A. 16   B. 10   C. 8   D. 6

21. 若有定义 int a[2][3];则对 a 数组的第 i 行第 j 列元素值的正确引用是(　　)。
   A. *(*(a+i)+j)   B. (a+i)[j]
   C. *(a+i+j)   D. *(a+i)+j

22. 若有定义 int a[2][3];则对 a 数组的第 i 行第 j 列元素地址的正确引用是(　　)。
   A. *(a[i]+j)   B. (a+i)   C. *(a+j)   D. a[i]+j

23. 若有定义 int a[4][6];则能正确表示 a 数组中任一元素 a[i][j](i、j 均在有效范围内)地址的表达式(　　)。
   A. &a[0][0]+6*i+j   B. &a[0][0]+4*j+i
   C. &a[0][0]+4*i+j   D. &a[0][0]+6*j+i

24. 若有定义 int a=3,b,*p=&a;则下列语句中(　　)使 b 不为 3。
   A. b=*&a;   B. b=*p;   C. b=a;   D. b=*a;

25. 若有定义 int t[3][2];能正确表示 t 数组元素地址的表达式是(　　)。
   A. &t[3][2]   B. t[1][1]   C. t[2]   D. t[3]

26. 若有定义 int a[4][5];下列(　　)引用是错误的。
   A. *a   B. *(*(a+2)+3)
   C. &a[2][3]   D. ++a

27. 若有定义 int s[4][5],(*ps)[5]=s;则对 s 数组元素的正确引用是(　　)。
   A. ps+1   B. *(ps+3)   C. ps[0][2]   D. *(ps+1)+3

28. 下面程序执行后的输出结果是(　　)。

```
1    #include <stdio.h>
2    int main()
3    {  int a[][4]={1,3,5,7,9,11,13,15,17,19,21,23};
4       int(*p)[4],i=2,j=1;
5       p=a;
6       printf("%d",*(*(p+i)+j));
```

```
7    return 0;
8 }
```

  A. 9   B. 11   C. 17   D. 19

29. 若有程序段 int a[2][3],(*p)[3];p=a;则对 a 数组元素地址的正确引用是(　　)。
  A. *(p+2) B. p[2] C. p[1]+1 D. (p+1)+2

30. 若有程序段 int a[2][3],(*p)[3];p=a;则对 a 数组元素的正确引用是(　　)。
  A. (p+1)[0]   B. *(*(p+2)+1)
  C. *(p[1]+1)   D. p[1]+2

31. 下面程序执行后的输出结果是(　　)。

```
1  #include <stdio.h>
2  int main()
3  {  int a[3][3],*p,i;
4     p=&a[0][0];
5     for(i=0;i<9;i++)p[i]=i+1;
6     printf("%d",a[1][2]);
7     return 0;
8  }
```

  A. 3   B. 6   C. 9   D. 随机值

32. 若有定义 int (*p)[4];则标识符 p(　　)。
  A. 是一个指向整型变量的指针
  B. 是一个指针数组名
  C. 是一个指针,它指向一个含有四个整型元素的一维数组
  D. 定义不合法

33. 以下正确的定义和赋值语句是(　　)。
  A. int b[3][5],(*p)[5],(*q)[5];p=b;q=b;
  B. float b[3][5],(*p)[3];p[0]=b[0];p[2]=*b+4;
  C. double b[3][5],s[5][3],*q;q=b;s=q;
  D. int b[10],*q;char *s;q=b;s=b;

34. 若要对 a 进行合理的自增运算,则 a 应具有(　　)说明。
  A. int a[3][2];   B. char *a[]={"12","ab"};
  C. char (*a)[3]   D. int b[10],*a=b;

35. 下面程序运行时从键盘上输入:1 2 3✓,其输出结果是(　　)。

```
1  #include <stdio.h>
2  int main()
3  {  int a[3][2]={0},(*ptr)[2],i,j;
4     for(i=0;i<2;i++){ptr=a+i;scanf("%d",ptr);ptr++;}
5     for(i=0;i<3;i++)
6        for(j=0;j<2;j++)printf("%d",a[i][j]);
7     return 0;
```

8   }

    A. 编译错误信息   B. 102000   C. 123000   D. 102030

36. 设 p1 和 p2 是指向同一个字符串的指针变量,c 为字符变量,则以下不能正确执行的赋值语句是(   )。

    A. c=*p1+*p2;   B. p2=c;
    C. p1=p2;   D. c=*p1*(*p2);

37. 下面判断正确的是(   )。

    A. char *a="china"; 等价于 char *a; *a="china";
    B. char str[10]={"china"}; 等价于 char str[10]; str[]={"china";}
    C. char *s="china"; 等价于 char *s; s="china";
    D. char c[4]="abc",d[4]="abc"; 等价于 char c[4]=d[4]="abc";

38. 下面能正确给字符串 s 赋值的是(   )。

    A. char s[6]="ABCDE";
    B. char s[5]={'A','B','C','D','E'};
    C. char s[6]; s="ABCDE";
    D. char *s; scanf("%s",s);

39. 若有程序段 char s[]="china"; char *p; p=s;以下叙述中正确的是(   )。

    A. s 和 p 完全相同
    B. 数组 s 中的内容和指针变量 p 中的内容相等
    C. *p 与 s[0]相等
    D. s 数组长度和 p 所指向的字符串长度相等

40. 若有定义 char a[]="Itismine", *p="Itismine";以下叙述中错误的是(   )。

    A. a+1 表示的是字符't'的地址
    B. p 不能再指向别的字符串常量
    C. p 变量中存放的地址值可以改变
    D. a 数组所占字节数为 9

41. 若有定义 char s[6], *ps=s;则正确的赋值语句是(   )。

    A. s="12345";   B. *s="12345";
    C. ps="12345";   D. *ps="12345";

42. 若有定义 char *cc[2]={"1234","5678"};以下叙述中正确的是(   )。

    A. cc 数组的两个元素中各自存放了字符串 1234 和 5678 的首地址
    B. cc 数组的两个元素分别存放的是含 4 个字符的一维字符数组的首地址
    C. cc 是指针变量,它指向含有两个数组元素的一维字符数组
    D. cc 数组元素的值分别是"1234"和"5678"

43. 下面程序段中,for 循环的执行次数是(   )。

    char *s= "\ta\018bc";
    for(;*s!='\0';s++)printf("*");

A. 9   B. 7   C. 6   D. 5

44. 下面程序段执行后的输出结果是(   )。

```
char * s="abcde";
s+=2;
printf("%d",s);
```

A. cde   B. 字符'c'   C. 字符'c'的地址   D. 不确定

45. 下面程序段执行后的输出结果是(   )。

```
char a[]="language",*p;
p=a;
while(*p!='u'){printf("%c",*p-32);p++;}
```

A. LANGUAGE   B. language   C. LANG   D. langUAGE

46. 下面程序执行后的输出结果是(   )。

```
1   #include <stdio.h>
2   char cchar(char ch)
3   {
4     if(ch>='A' && ch<='Z')ch=ch-'A'+'a';
5     return ch;
6   }
7   int main()
8   { char s[]="ABC+abc=defDEF",*p=s;
9     while(*p){
10      *p=cchar(*p);
11      p++;
12    }
13    printf("%s",s);
14    return 0;
15  }
```

A. abc+ABC=DEFdef   B. abc+abc=defdef
C. abcaABCDEFdef   D. abcabcdefdef

47. 下面程序执行后的输出结果是(   )。

```
1   #include <stdio.h>
2   int main()
3   { char a[10]={9,8,7,6,5,4,3,2,1,0},*p=a+5;
4     printf("%d",*--p);
5     return 0;
6   }
```

A. 编译错误   B. a[4]的地址   C. 5   D. 3

48. 下面程序执行后的输出结果是(   )。

```
1   #include <stdio.h>
```

```
2  void fun(char *c,int d)
3  { *c=*c+1;d=d+1;
4    printf("%c,%c,",*c,d);
5  }
6  int main()
7  { char a='A',b='a';
8    fun(&b,a);printf("%c,%c",a,b);
9    return 0;
10 }
```

A. B,a,B,a   B. a,B,a,B   C. A,b,A,b   D. b,B,A,b

49. 下面程序执行后的输出结果是(　　)。

```
1  #include <stdio.h>
2  int main()
3  { char s[]="Yes\n/No",*ps=s;
4    puts(ps+4);
5    *(ps+4)=0;
6    puts(s);
7    return 0;
8  }
```

A. n/No   B. /No   C. /No   D. /No
   Yes   Yes   Yes   Yes/No
   /No   /No

50. 下面程序执行后的输出结果是(　　)。

```
1  #include <stdio.h>
2  int main()
3  { char str[][10]={"GreatWall","Beijing"},*p=str;
4    printf("%s",p+13);
5    return 0;
6  }
```

A. GreatWall   B. Beijing   C. jing   D. ing

51. 以下函数的功能是(　　)。

```
fun(char *a,char *b)
{
    while((*a!='\0')&&(*b!='\0')&&(*a==*b)){a++;b++;}
    return(*a-*b);
}
```

A. 计算 a 和 b 所指字符串的长度之差
B. 将 b 所指字符串连接到 a 所指字符串中

C. 将a所指字符串连接到b所指字符串后面
D. 比较a和b所指字符串的大小

52. 若有定义char *st="how are you";下列程序段中正确的是(　　)。
    A. char a[11],*p;strcpy(p=a+1,&st[4]);
    B. char a[11];strcpy(++a,st);
    C. char a[11];strcpy(a,st);
    D. char a[],*p;strcpy(p=&a[1],st+2);

53. 下面程序执行后的输出结果是(　　)。
    ```
    1  #include <stdio.h>
    2  #include <string.h>
    3  int main()
    4  { char str[][20]={"Hello","Beijing"},*p=str;
    5    printf("%d",strlen(p+20));
    6    return 0;
    7  }
    ```
    A. 0　　　　　B. 5　　　　　C. 7　　　　　D. 20

54. 若有定义char a[10],*b=a;不能给数组a输入字符串的语句是(　　)。
    A. gets(a);　　B. gets(a[0]);　　C. gets(&a[0]);　　D. gets(b);

55. 下面程序执行后的输出结果是(　　)。
    ```
    1  #include <stdio.h>
    2  #include <string.h>
    3  void fun(char *s,int p,int k)
    4  { int i;
    5    for(i=p;i<k;i++) *(s+i)=s[i+2];
    6  }
    7  int main()
    8  {
    9    char s[]="abcdefg";
    10   fun(s,3,strlen(s));puts(s);
    11   return 0;
    12 }
    ```
    A. abcdefg　　　B. abc　　　　C. defg　　　　D. abcfg

56. s1和s2已正确定义并分别指向两个字符串。若要求：当s1所指串大于s2所指串时,执行语句S;则以下选项中正确的是(　　)。
    A. if(s1>s2)S;　　　　　　　B. if(strcmp(s1,s2))S;
    C. if(strcmp(s2,s1)>0)S;　　D. if(strcmp(s1,s2)>0)S;

57. 以下与库函数strcpy(char *p1,char *p2)功能不相等的程序段是(　　)。
    A. strcpy1(char *p1,char *p2)
       { while((*p1++=*p2++)!='\0';}

B. strcpy2(char *p1,char *p2)
   { while((*p1=*p2)!='\0'){p1++;p2++}}
C. strcpy3(char *p1,char *p2)
   { while(*p1++=*p2++);}
D. strcpy4(char *p1,char *p2)
   { while(*p2)*p1++=*p2++;}

58. 若有定义 char s1[]="string1",s2[8],*s3,*s4="string2";则对库函数 strcpy 错误调用的是(   )。

    A. strcpy(s1,"string2");

    B. strcpy(s4,"string1");

    C. strcpy(s3,"string1");

    D. strcpy(s2,s1);

59. 以下与库函数 strcmp(char *s,char *t)功能相等的程序段是(   )。

    A. strcmp1(char *s,char *t)
       { for(;*s++==*t++;)
          if(*s=='\0')return 0;
        return(*s-*t);
       }

    B. strcmp2(char *s,char *t)
       { for (;*s++==*t++;)
          if(!*s)return 0;
        return(*s-*t);
       }

    C. strcmp3(char *s,char *t)
       { for(;*t==*s;)
          {if(!*t)return 0;t++;s++;}
        return(*s-*t);
       }

    D. strcmp4(char *s,char *t)
       { for(;*s==*t;s++,t++)
          if(!*s)return 0;
        return(*t-*s);
       }

60. 下面程序执行后的输出结果是(   )。

```
1  #include<stdio.h>
2  #include<string.h>
3  int main()
4  {
```

```
5       char b1[8]="abcdefg",b2[8],*pb=b1+3;
6       while(--pb>=b1)strcpy(b2,pb);
7       printf("%d",strlen(b2));
8       return 0;
9   }
```

A. 8 　　　　　B. 7 　　　　　C. 3 　　　　　D. 1

61. 下面程序执行后的输出结果是(　　)。

```
1   #include <stdio.h>
2   void fun(int a[])
3   {
4       a[0]=a[-1]+a[1];
5   }
6   int main()
7   {   int a[10]={1,2,3,4,5,6,7,8,9,10};
8       fun(&a[2]);
9       printf("%d",a[2]);
10      return 0;
11  }
```

A. 6 　　　　　B. 7 　　　　　C. 8 　　　　　D. 9

62. 下面程序执行后的输出结果是(　　)。

```
1   #include <stdio.h>
2   int b=2;
3   int func(int *a)
4   { b+=*a;return(b);}
5   int main()
6   {   int a=2,res=2;
7       res+=func(&a);
8       printf("%d",res);
9       return 0;
10  }
```

A. 4 　　　　　B. 6 　　　　　C. 8 　　　　　D. 10

63. 函数 char * fun(char * p){ return p；}的返回值是(　　)。

A. 无确切的值
B. 形参 p 中存放的地址值
C. 一个临时存储单元的地址
D. 形参 p 自身的地址值

64. 若有定义 int(*p)();,标识符 p 可以(　　)。

A. 表示函数的返回值
B. 指向函数的入口地址
C. 表示函数的返回类型

D. 表示函数名

65. 若有函数 max(a,b)，为了让函数指针变量 p 指向函数 max，正确的赋值方法是(   )。

   A. p=max;   B. p=max(a,b);
   C. *p=max;   D. *p=max(a,b);

66. 若有函数 max(a,b)，并且已使函数指针变量 p 指向函数 max，当调用该函数时，正确的调用方法是(   )。

   A. (*p)max(a,b)   B. *pmax(a,b);
   C. (*p)(a,b);   D. *p(a,b);

67. 以下正确的是(   )。

   A. int *b[]={1,3,5,7,9};
   B. int a[5],*num[5]={&a[0],&a[1],&a[2],&a[3],&a[4]};
   C. int a[]={1,3,5,7,9},*num[5]={a[0],a[1],a[2],a[3],a[4]};
   D. int a[3][4],(*num)[4]; num[1]=&a[1][3];

68. 有以下程序段：

   ```
   int a[3][2]={1,2,3,4,5,6,},*p[3];
   p[0]= a[1];
   ```

   则 *(p[0]+1)所代表的数组元素是(   )。

   A. a[0][1]   B. a[1][0]   C. a[1][1]   D. a[1][2]

69. 下面程序段执行后的输出结果是(   )。

   ```
   int a[]={2,4,6,8,10,12,14,16,18,20,22,24},*q[4],k;
   for(k=0;k<4;k++)q[k]=&a[k*3];
   printf("%d",q[3][0]);
   ```

   A. 8   B. 16   C. 20   D. 输出不合法

70. 若有定义 int n=0,*p=&n,**q=&p;则以下选项中，正确的赋值语句是(   )。

   A. p=1;   B. *q=2;   C. q=p;   D. *p=5;

71. 下面程序执行后的输出结果是(   )。

   ```
   1 #include <stdio.h>
   2 int main()
   3 {  int x[5]={2,4,6,8,10},*p,**pp;
   4    p=x,pp=&p;
   5    printf("%d",*(p++));
   6    printf("%3d",**pp);
   7    return 0;
   8 }
   ```

   A. 4 4   B. 2 4   C. 2 2   D. 4 6

72. 以下叙述中正确的是(   )。

   A. C 语言允许 main 函数带形参，且形参个数和形参名均可由用户指定

B. C 语言允许 main 函数带形参,形参名只能是 argc 和 argv

C. 当 main 函数带有形参时,传给形参的值只能从命令行中得到

D. 若有说明 int main(int argc,char * * argv),则 argc 的值必须大于 1

73. 关于主函数的形式参数,下列说法正确的是(　　)。

A. 是在程序编译时获得实际值

B. 不可以由用户自己定义名字

C. 类型可以是实型

D. 可以有两个

74. 不合法的 main 函数形式参数表示是(　　)。

A. main(int a,char * c[])

B. main(int arc,char **arv)

C. main(int argc,char * argv)

D. main(int argv,char * argc[])

75. 有以下程序:

```
1  #include <stdio.h>
2  #include <string.h>
3  int main(int argc,char * argv[])
4  {  int i,len=0;
5     for(i=1;i<argc;i++) len=len+strlen(argv[i]);
6     printf("%d",len);
7     return 0;
8  }
```

程序生成的可执行文件是 ex1.exe,若运行时输入带参数的命令行是:
ex1␣abcd␣efg␣10↙,则输出结果是(　　)。

A. 17　　　　　B. 16　　　　　C. 12　　　　　D. 9

76. 【提高题】若定义了以下函数:

```
void f(...)
{
    ⋮
    * p=(double * )malloc(10 * sizeof(double));
    ⋮
}
```

p 是该函数的形参,要求通过 p 把动态分配存储单元的地址传回主调函数,则形参 p 的正确定义应当是(　　)。

A. double * p

B. float **p

C. double **p

D. float * p

77. 【提高题】有以下程序:

1 #include <stdio.h>

```
2    #include <stdlib.h>
3    int main()
4    {   char * p, * q;
5        p=(char * )malloc(sizeof(char) * 20);q=p;
6        scanf("%s%s",p,q);printf("%s%s",p,q);
7        return 0;
8    }
```

程序执行后若从键盘上输入：abc ␣ def ↙，则输出结果是(　　)。

A. def ␣ def   B. abc ␣ def   C. abc ␣ d   D. d ␣ d

78.【提高题】若指针 p 已正确定义,要使 p 指向两个连续的整型动态存储单元,不正确的动态存储分配语句是(　　)。

A. p＝2 * (int *)malloc(sizeof(int));

B. p＝(int *)malloc(2 * sizeof(int));

C. p＝(int *)malloc(2 * sizeof(unsigned int));

D. p＝(int *)calloc(2,sizeof(int));

7.2 填空题

1. 在 C 程序中,指针变量能够赋_____值或_____值。
2. 执行语句 printf("%d",NULL);后的输出结果是_____。
3. 在 C 语言中,数组名是一个不可改变的_____,不能对它进行赋值运算。
4. 有以下程序段：

```
int * p[3],a[6],i;
for(i=0;i<3;i++)p[i]=&a[2 * i];
```

则 * p[0]引用的是 a 数组元素_____, * (p[1]＋1)引用的是 a 数组元素_____。

5. 若有定义 int w[10]={23,54,10,33,47,98,72,80,61}, * p＝w;则不移动指针 p,且通过指针 p 引用值为 98 的数组元素的表达式是_____。

6. 若有定义 int a[2][3]={2,4,6,8,10,12};则 * (&a[0][0]＋2 * 2＋1)的值是_____, * (a[1]＋2)的值是_____。

7. 若有定义 int a[2][4],(* p)[4]＝a;用指针变量 p 表示数组元素 a[1][2]为_____。

8. 若有定义 char a[]="shanxixian", * p=a;int i;则执行语句 for(i=0; * p!='\0'; p++,i++);后 i 的值为_____。

9. 若有定义 char a[15]="Windows-9x";执行语句 printf("%s",a+8);后的输出结果是_____。

10. 无返回值函数 fun 用来求出两整数 x,y 之和,并通过形参 z 将结果传回,假定 x, y,z 均是整型,则函数应定义为_____。

11. 已知函数原型 void fun(int *x,int *y);则指向 fun 的函数指针变量 p 的定义是_____。

12. 函数调用时,若形参是一个指针变量,而对应的实参是一个数组名,则函数参数的传递方式是_____传递。

13. 【提高题】设有一个名为 myfile.c 的 C 程序,其主函数为 main(int argc,char *argv[])。如果在执行时,输入的命令行为 myfile aa bb ↙,则形式参数 argc 的值是_____。

14. 【提高题】若有定义 double *p;请写出利用 malloc 函数使 p 指向一个双精度型的动态存储单元的完整语句为_____。

15. 【提高题】调用库函数 malloc,使字符指针 st 指向具有 11 个字节的动态存储空间的语句是_____。

7.3 程序阅读题

1. 简要说明下面程序的功能。

```
1   #include <stdio.h>
2   int main()
3   {   char a[100],b[100],*p,*q;int m;
4       gets(a);
5       scanf("%d",&m);
6       p=a;q=b;
7       for(p=p+m-1;*p!='\0';p++,q++)
8           *q=*p;
9       *q='\0';
10      printf("%s",b);
11      return 0;
12  }
```

2. 写出下面程序执行后的运行结果。

```
1   #include <stdio.h>
2   int main()
3   {   char *p="abcdefgh",*r;
4       long *q;
5       q=(long *)p;
6       q++;
7       r=(char *)q;
8       printf("%s",r);
9       return 0;
10  }
```

3. 写出下面程序执行后的运行结果。

```
1   #include <stdio.h>
2   int fun(char * s,char a,int n)
3   { int j;
4     * s=a;j=n;
5     while(* s<s[j])j--;
6     return j;
7   }
8   int main()
9   { char c[6];int i;
10    for(i=1;i<=5;i++)* (c+i)='A'+i+1;
11    printf("%d",fun(c,'E',5));
12    return 0;
13  }
```

4. 写出下面程序执行后的运行结果。

```
1   #include <stdio.h>
2   int fun(char * s)
3   { char * p=s;
4     while(* p)p++;
5     return(p-s);
6   }
7   int main()
8   { char * a="abcdef";
9     printf("%d",fun(a));
10    return 0;
11  }
```

5. 下面程序运行时从键盘上输入：6↙,写出程序的运行结果。

```
1   #include <stdio.h>
2   void sub(char * a,char b)
3   {
4     while(* (a++)!='\0');
5     while(* (a-1)<b)* (a--)=* (a-1);
6     * (a--)=b;
7   }
8   int main()
9   { char s[]="97531",c;
10    c=getchar();
11    sub(s,c);puts(s);
12    return 0;
13  }
```

6. 写出下面程序执行后的运行结果,并简要说明 fun 函数的功能。

```
1   #include <stdio.h>
```

```
2   int fun(char*s,char*t)
3   {  for(;*s==*t;s++,t++)
4        if(*s=='\0')return 0;
5      return*s-*t;
6   }
7   int main()
8   {  char s[20]="hello",t[20]="henlo";
9      printf("%d",fun(s,t));
10     return 0;
11  }
```

7. 写出下面程序执行后的运行结果。

```
1   #include<stdio.h>
2   #include<string.h>
3   void sort(char*a[],int n)
4   {  int i,j,k;char*t;
5      for(i=0;i<n-1;i++){
6        k=i;
7        for(j=i+1;j<n;j++)
8          if(strcmp(a[j],a[k])<0)k=j;
9        if(k!=i){t=a[i];a[i]=a[k];a[k]=t;}
10     }
11  }
12  int main()
13  {  char ch[4][15]={"morning","afternoon","night","evening"};
14     char*name[4];int k;
15     for(k=0;k<4;k++)name[k]=ch[k];
16     sort(name,4);
17     for(k=0;k<4;k++)printf("%s\n",name[k]);
18     return 0;
19  }
```

8. 写出下面程序执行后的运行结果。

```
1   #include<stdio.h>
2   #include<string.h>
3   void f(char*s,char*t)
4   {  char k;
5      k=*s;*s=*t;*t=k;
6      s++;t--;
7      if(*s)f(s,t);
8   }
9   int main()
10  {  char str[10]="abcdefg",*p;
11     p=str+strlen(str)/2+1;
```

```
12      f(p,p-2);
13      printf("%s",str);
14      return 0;
15  }
```

9. 写出下面程序执行后的运行结果。

```
1   #include <stdio.h>
2   void sub(char *a,int t1,int t2)
3   {   char ch;
4       while(t1<t2){
5           ch=*(a+t1);*(a+t1)=*(a+t2);*(a+t2)=ch;
6           t1++;t2--;
7       }
8   }
9   int main()
10  {   char s[12];int i;
11      for(i=0;i<12;i++)
12          s[i]='A'+i+32;
13      sub(s,7,11);
14      for(i=0;i<12;i++)printf("%c",s[i]);
15      return 0;
16  }
```

10. 写出下面程序执行后的运行结果。

```
1   #include <stdio.h>
2   int c;
3   func(int *a,int b)
4   {   c=(*a)*b;*a=b-1;b++;
5       return(*a+b+1);
6   }
7   int main()
8   {   int a=4,b=2,p=0;
9       p=func(&b,a);
10      printf("%d,%d,%d,%d",a,b,c,p);
11      return 0;
12  }
```

11. 写出下面程序执行后的运行结果。

```
1   #include <stdio.h>
2   void fun(int *a,int i,int j)
3   {   int t;
4       if(i<j){
5           t=a[i];a[i]=a[j];a[j]=t;
6           i++;j--;
```

```
7          fun(a,i,j);
8       }
9  }
10 int main()
11 {  int x[]={2,6,1,8},i;
12    fun(x,0,3);
13    for(i=0;i<4;i++)printf("%d",x[i]);
14    return 0;
15 }
```

12. 写出下面程序执行后的运行结果。

```
1  #include <stdio.h>
2  void swap1(int c0[],int c1[])
3  {  int t;
4     t=c0[0];c0[0]=c1[0];c1[0]=t;
5  }
6  void swap2(int * c0,int * c1)
7  {  int t;
8     t=* c0;* c0=* c1;* c1=t;
9  }
10 int main()
11 {  int a[2]={3,5},b[2]={3,5};
12    swap1(a,a+1);swap2(&b[0],&b[1]);
13    printf("%d␣%d␣%d␣%d",a[0],a[1],b[0],b[1]);
14    return 0;
15 }
```

13. 写出下面程序执行后的运行结果。

```
1  #include <stdio.h>
2  int fa(int x)
3  { return x * x;}
4  int fb(int x)
5  { return x * x * x;}
6  int f(int(* f1)(),int(* f2)(),int x)
7  { return f2(x)-f1(x);}
8  int main()
9  {  int i;
10    i=f(fa,fb,2);printf("%d",i);
11    return 0;
12 }
```

14. 写出下面程序执行后的运行结果。

```
1  #include <stdio.h>
2  int main()
```

```
3   { char * a[]={"Pascal","C Language","dBase","Java"};
4       char(**p)[];int j;
5       p=a+3;
6       for(j=3;j>=0;j--)printf("%s\n",*(p--));
7       return 0;
8   }
```

15. 写出下面程序执行后的运行结果。

```
1   #include<stdio.h>
2   int main()
3   { char * p[]={"3697","2584"};
4       int i,j;long num=0;
5       for(i=0;i<2;i++){
6           j=0;
7           while(p[i][j]!='\0'){
8               if((p[i][j]-'0')%2)num=10*num+p[i][j]-'0';
9               j+=2;
10          }
11      }
12      printf("%d",num);
13      return 0;
14  }
```

7.4 程序填空题

1. 下面函数的功能是将一个字符串转换为一个整数，例如："1234"转换为整数1234。请填空使程序完整、正确。

```
1   #include<string.h>
2   int chnum(char * p)
3   { int num=0,k,len,j;
4       len=strlen(p);
5       for(;①_____;p++){
6           k=②_____;j=(--len);
7           while(③_____)k=k*10;
8           num=num+k;
9       }
10      return(num);
11  }
```

2. 下面函数的功能是用递归法求数组中的最大值及下标值。请填空使程序完整、正确。

```
1   void findmax(int * a,int n,int i,int * pk)
```

```
2  {
3      if(i<n){
4          if(a[i]>a[*pk])①_____;
5          findmax(②_____);
6      }
7  }
```

3. 下面函数首先找出 a 所指的 N 行 N 列矩阵各行中的最大数，再求出 N 个最大值中的最小的那个数，并将它作为函数值返回。请填空使程序完整、正确。

```
1  #define N 100
2  int fun(int (*a)[N])
3  {  int row,col,max,min;
4      for(row=0;row<N;row++){
5          for(max=a[row][0],col=1;col<N;col++)
6              if(①_____)max=a[row][col];
7          if(row==0)min=max;
8          else if(②_____)min=max;
9      }
10     return min;
11 }
```

4. 下面函数的功能是根据公式 $s = 1 - \dfrac{1}{3} + \dfrac{1}{5} - \dfrac{1}{7} + \cdots + \dfrac{-1^n}{2 \times n + 1}$ 计算 s，计算结果通过形参指针 sn 传回；n 通过形参传入，n 的值大于等于 0。请填空使程序完整、正确。

```
1  void fun(float *sn,int n)
2  {  float s=0.0,w,f=-1.0; int i=0;
3      for(i=0;i<=n;i++){
4          f=①_____ * f;
5          w=f/(2*i+1);
6          s+=w;
7      }
8      ②_____=s;
9  }
```

5. 下面函数的功能是用递归法将一个整数存放到一个字符数组中，存放时按逆序存放，如 483 存放成 "384"。请填空使程序完整、正确。

```
1  void convert(char *a,int n)
2  {  int i;
3      if((i=n/10)!=0)convert(①_____,i);
4      *a=②_____;
5  }
```

6. 下面函数的功能是将两个字符串 s1 和 s2 连接起来。请填空使程序完整、正确。

```
1    void conj(char * s1,char * s2)
2    {   char * p=s1;
3        while(* s1)①_____;
4        while(* s2){
5            * s1=②_____;
6            s1++,s2++;
7        }
8        * s1='\0';
9    }
```

7. 下面函数的功能是统计子串 substr 在母串 str 中出现的次数。请填空使程序完整、正确。

```
1    #include <string.h>
2    int count(char * str,char * substr)
3    {   int i,j,k,num=0;
4        for(i=0;①_____;i++)
5            for(②_____,k=0;substr[k]==str[j];k++,j++)
6                if(substr[③_____]=='\0'){
7                    num++;break;
8                }
9        return(num);
10   }
```

8. 下面程序的功能是用指针法输出二维数组,每行三个数。请填空使程序完整、正确。

```
1    #include <stdio.h>
2    int main()
3    {   int i,j,a[3][3]={1,2,3,4,5,6,7,8,9},(* p)[3];
4        ①_____;
5        for(i=0;i<3;i++){
6            for(j=0;j<3;j++)printf("%5d",②_____);
7            printf("\n");
8        }
9        return 0;
10   }
```

9. 下面函数 huiwen 的功能是检查一个字符串是否是回文,当字符串是回文时,函数返回字符串:yes!,否则函数返回字符串:no!,并在主函数中输出,所谓回文即正向与反向的拼写都一样,例如:adgda。请填空使程序完整、正确。

```
1    #include <stdio.h>
2    #include <string.h>
3    char * huiwen(char * str)
4    {   char * p1,* p2;int i,t=0;
```

```
5      p1=str;p2=①_____;
6      for(i=0;i<=strlen(str)/2;i++)
7          if(*p1++!=*p2--){t=1;break;}
8      if(②_____)  return("yes!");
9      else return("no!");
10   }
11   int main()
12   {  char str[50];
13      scanf("%s",str);
14      printf("%",③_____);
15      return 0;
16   }
```

10. 以下程序中 select 函数的功能是：在 N 行 M 列的二维数组中，选出一个最大值作为函数值返回，并通过形参传回此最大值所在的行下标。请填空使程序完整、正确。

```
1    #include <stdio.h>
2    #define N 3
3    #define M 3
4    int select(int a[N][M],int *n)
5    {  int i,j,row=1,colum=1;
6       for(i=0;i<N;i++)
7           for(j=0;j<M;j++)
8               if(a[i][j]>a[row][colum]){row=i;colum=j;}
9       *n=①_____;
10      return ②_____;
11   }
12   int main()
13   {  int a[N][M]={9,11,23,6,1,15,9,17,20},max,n;
14      max=select(a,&n);
15      printf("max=%d,line=%d",max,n);
16      return 0;
17   }
```

7.5 程序设计题

1. 编写函数计算一维实型数组前 n 个元素的最大值、最小值和平均值。数组、n、最大值、最小值和平均值均作为函数形参，函数无返回值；在主函数中输入数据，调用函数得到结果。（要求用指针方法实现）

2. 利用指向行的指针变量求 5×3 数组各行元素之和。

3. 使用字符指针编写程序，输入一个长度为 n 的字符串 a，在字符串 a 的 $i(0<i<n)$ 处插入字符 x，输出插入后的字符串 a。n、x、i 的值可自由输入。例如：输入 nw world，在 1 处插入 e 输出 new world。

4. 编写函数从传入的 num 个字符串中找出最长的一个字符串,并通过形参指针 strmax 传回结果字符串地址。

5. 编写函数 char * search(char * cpSource,char ch),该函数在一个字符串中找到可能的最长的子字符串,该字符串是由同一字符组成的。从主函数中输入 "aabbcccddddeeeeeffffff"和'e',调用函数得到结果。

6. 编写函数 replace(char * str,char * fstr,char * rstr),将 str 所指字符串中凡是与 fstr 字符串相同的字符替换成 rstr(rstr 与 fstr 的字符长度不一定相同)。从主函数中输入原始字符串"iffordowhileelsewhilebreak"、查找字符串"while"和替换字符串"struct",调用函数得到结果。

第 8 章 自定义数据类型

8.1 选择题

1. 有如下结构体说明,以下叙述中错误的是(　　)。

   ```
   struct stu {
       int a; float b;
   } stutype;
   ```

   A. struct 是结构体类型的关键字　　　B. struct stu 是用户定义的结构体类型
   C. stutype 是用户定义的结构体类型名　D. a 和 b 都是结构体成员名

2. 以下(　　)定义不会分配实际的存储空间。

   A. struct {
   　　char name[10];int age;
   　} student;

   B. struct STUDENT {
   　　char name[10];
   　　int age;
   　} student;

   C. struct STUDENT {
   　　char name[10];int age;
   　};
   　struct STUDENT student;

   D. struct STUDENT {
   　　char name[10];
   　　int age;
   　};

3. 以下对结构体类型变量 td1 的定义中,不正确的是(　　)。

   A. #define AA struct aa
   　AA { int n;
   　　　float m;
   　} td1;

   B. struct
   　{ int n;
   　　float m;
   　} td1;

   C. typedef struct aa
   　{ int n;
   　　float m;
   　} AA;
   　AA td1;

   D. struct
   　{ int n;
   　　float m;
   　} aa;
   　struct aa td1;

4. 在 Visual C++ 6.0 中,若有定义:

   struct data{int i;char ch;double f;}b;

   则结构变量 b 占用内存的字节数是(   )。
   A. 1   B. 2   C. 8   D. 11

5. 当定义一个结构体变量时,系统分配给它的内存量是(   )。
   A. 各成员所需内存量的总和   B. 结构中第一个成员所需内存量
   C. 成员中占内存量最大的容量   D. 结构中最后一个成员所需内存量

6. C 语言结构体类型变量在程序执行期间(   )。
   A. 所有成员驻留在内存中   B. 只有一个成员驻留在内存中
   C. 部分成员驻留在内存中   D. 没有成员驻留在内存中

7. 已知学生记录描述为:

   ```
   struct student{
       int no;char name[20];char sex;
       struct{int year;int month;int day;}birth;
   }s;
   ```

   设结构变量 s 中的"birth"应是"1985 年 10 月 1 日",则下面正确的赋值是(   )。
   A. year=1985;   B. birth.year=1985;
      month=10;   birth.month=10;
      day=1;   birth.day=1;
   C. s.year=1985;   D. s.birth.year=1985;
      s.month=10;   s.birth.month=10;
      s.day=1;   s.birth.day=1;

8. 下面程序执行后的输出结果是(   )。

   ```
   1  #include <stdio.h>
   2  int main()
   3  {
   4      struct complx{int x;int y;}cnum[2]={1,3,2,7};
   5      printf("%d",cnum[0].y/cnum[0].x*cnum[1].x);
   6      return 0;
   7  }
   ```

   A. 0   B. 1   C. 2   D. 6

9. 根据下述定义,能输出字母 M 的语句是(   )。

   struct person {char name[9]; int age;};
   struct person class[10]={"Johu",17,"Paul",19,"Mary",18,
   "Adam",16};

   A. printf("%c",class[3].name);
   B. printf("%c",class[2].name[0]);

C. printf("%c",class[3].name[1]);

D. printf("%c",class[2].name[1]);

10. 下面程序执行后的输出结果是（　　）。

```
1   #include <stdio.h>
2   struct st {int x;int * y;} * p;
3   int main()
4   { int dt[4]={10,20,30,40};
5     struct st aa[4]={50,&dt[0],60,&dt[0],60,&dt[0],60,&dt[0]};
6     p=aa;
7     printf("%d",++(p->x));
8     return 0;
9   }
```

A. 10　　　　B. 11　　　　C. 51　　　　D. 60

11. 下面程序执行后的输出结果是（　　）。

```
1   #include <stdio.h>
2   struct STU{
3      char name[10];int num;float TotalScore;
4   };
5   void f(struct STU * p)
6   { struct STU s[2]={{"SunDan",20044,550},{"Penghua",20045,537}}, * q=s;
7     ++p;++q; * p= * q;
8   }
9   int main()
10  { struct STU s[3]={{"YangSan",20041,703},{"LiSiGuo",20042,580}};
11    f(s);
12    printf("%s %d %3.0f",s[1].name,s[1].num,s[1].TotalScore);
13    return 0;
14  }
```

A. SunDan 20044 550　　　　B. Penghua 20045 537

C. LiSiGuo 20042 580　　　　D. SunDan 20041 703

12. 以下对结构体变量成员不正确的引用是（　　）。

```
struct pupil {
    char name[20];int age;int sex;
} pup[5], * p=pup;
```

A. scanf("%s",pup[0].name);　　　　B. scanf("%d",&pup[0].age);

C. scanf("%d",&.(p->sex));　　　　D. scanf("%d",p->age);

13. 有以下程序段：

```
int a=1,b=2,c=3;
struct dent {
```

```
    int n;int *m;
} s[3]={{101,&a},{102,&b},{103,&c}};
struct dent *p=s;
```

则以下表达式中值为 2 的是(　　)。

　　A. (p++)->m　　　　　　　　B. *(p++)->m

　　C. (*p).m　　　　　　　　　D. *((++p)->m)

14. 以下引用形式不正确的是(　　)。

```
struct s {
    int i1;struct s *i2,*i0;
};
static struct s a[3]={2,&a[1],0,4,&a[2],&a[0],6,0,&a[1]},*ptr=a;
```

　　A. ptr->i1++　　　　　　　　B. *ptr->i2

　　C. ++ptr->i0　　　　　　　　D. *ptr->i1

15. 设有如下定义：

```
struct sk {
    int a;
    float b;
} data;
int *p;
```

若要使 p 指向 data 中的 a,正确的赋值语句是(　　)。

　　A. p=&a;　　　　　　　　　　B. p=data.a;

　　C. p=&data.a;　　　　　　　D. *p=data.a;

16. 若有定义 struct{int a;char b;} Q,*p=&Q;则错误的表达式是(　　)。

　　A. *p.b　　　B. (*p).b　　　C. Q.a　　　　D. p->a

17. 下面程序执行后的输出结果是(　　)。

```
1  #include <stdio.h>
2  struct s{
3      int x,y;
4  } data[2]={10,100,20,200};
5  int main()
6  {  struct s *p=data;
7      printf("%d",++(p->x));
8      return 0;
9  }
```

　　A. 10　　　　B. 11　　　　　C. 20　　　　　D. 21

18. 有以下说明和定义：

```
struct student {int age; char num[8];};
struct student stu[3]={{20,"200401"},{21,"200402"},{19,
```

"200403"}};
struct student * p=stu;

以下选项中引用结构体变量成员的表达式错误的是（　　）。

A．(p++)->num　　　　　　B．p->num
C．(*p).num　　　　　　　D．stu[3].age

19. 有以下程序段：

```
struct st{
    int x;int * y;
} * pt;
int a[]={1,2},b[]={3,4};
struct st c[2]={10,a,20,b};
pt=c;
```

以下选项中表达式的值为 11 的是（　　）。

A．*pt->y　　B．pt->x　　　　C．++pt->x　　D．(pt++)->x

20. 以下对 C 语言中共用体类型数据的叙述中正确的是（　　）。

A．可以对共用体变量直接赋值
B．一个共用体变量中可以同时存放其所有成员
C．一个共用体变量中不能同时存放其所有成员
D．共用体类型定义中不能出现结构体类型的成员

21. 有以下说明和定义：

```
union dt {
    int a;char b;double c;
} data;
```

以下叙述中错误的是（　　）。

A．data 的每个成员起始地址都相同
B．变量 data 所占的内存字节数与成员 c 所占字节数相等
C．程序段：data.a＝5;printf("％f",data.c);输出结果为 5.000000
D．data 可以作为函数的实参

22. 当定义一个共用体变量时,系统分配给它的内存量是（　　）。

A．各成员所需内存量的总和
B．共用体变量中第一个成员所需内存量
C．成员中占内存量最大的容量
D．共用体变量中最后一个成员所需内存量

23. 有以下程序段：

```
union data {
    int i;char c;float f;
} a;
int n;
```

则以下( )是正确的语句。

A. a=5; B. a={2,'a',1.2};
C. printf("%d",a); D. n=a;

24. 若有定义 union { char a[10]; short b[4][5]; long c[5];} u;则 sizeof(u)的值是( )。

A. 10 B. 20 C. 40 D. 70

25. 若有定义 union data {char ch;int x;} a;下列语句中( )是不正确的。

A. a={'x',10} B. a.x=10;a.x++;
C. a.ch='x';a.ch++; D. a.x=10;a.ch='x';

26. 下面程序执行后的输出结果是( )。

```
1  #include <stdio.h>
2  int main()
3  {
4      union{char ch[2];short d;}s;
5      s.d=0x4321;
6      printf("%x,%x",s.ch[0],s.ch[1]);
7      return 0;
8  }
```

A. 21,43 B. 43,21 C. 43,00 D. 21,00

27. 设位段的空间分配由右到左,下面程序执行后的输出结果是( )。

```
1  #include<stdio.h>
2  struct packed {
3      unsigned a:2;
4      unsigned b:2;
5      unsigned c:3;
6      int i;
7  } data ;
8  int main()
9  { data.a=2;
10     data.b=3;
11     printf("%d",data.a+data.b);
12     return 0;
13 }
```

A. 语法错 B. 2 C. 5 D. 3

28. 设有以下说明

```
struct packed {
    unsigned one:1;
    unsigned two:2;
    unsigned three:3;
    unsigned four:4;
```

} data;

则以下位段数据的引用中不能得到正确数值的是(　　)。

A. data.one＝4　　　　　　　B. data.two＝3

C. data.three＝2　　　　　　D. data.four＝1

29. 若有定义 enum color {red,yellow＝2,blue,white,black} r＝white;,执行 printf("%d",r);后的输出结果是(　　)。

A. 0　　　　B. 1　　　　C. 3　　　　D. 4

30. 若有定义 enum week {sun,mon,tue,wed,thu,fri,sat} day;,以下正确的赋值语句是(　　)。

A. sun＝0;　　B. sun＝day;　　C. mon＝sun+1;　　D. day＝sun;

31. 下面对 typedef 的叙述中错误的是(　　)。

A. 用 typedef 可以定义各种类型名,但不能用来定义变量

B. 用 typedef 可以增加新类型

C. 用 typedef 只是将已存在的类型用一个新的标识符来代表

D. 使用 typedef 有利于程序的通用和移植

32. 以下叙述中错误的是(　　)。

A. 共用体类型数据中所有成员的首地址都是同一地址

B. 可以用已定义的共用体类型来定义数组或指针变量的类型

C. 共用体类型数据中的成员可以是结构体类型,但不可以是共用体类型

D. 用 typedef 定义新类型取代原有类型后,原类型仍可有效使用

33. 若有定义 typedef char * POINT; POINT p,q[3],*r;,则 p、q 和 r 分别是字符型的(　　)。

A. 变量、一维数组和指针变量

B. 指针变量、一维数组指针和二级指针变量

C. 变量、二维数组和指针变量

D. 指针变量、一维指针数组和二级指针变量

34. 若有定义 typedef struct {int n;char ch[8];} PER;,以下叙述中正确的是(　　)。

A. PER 是结构体变量名

B. PER 是结构体类型名

C. typedef struct 是结构体类型

D. struct 是结构体类型名

35. 【提高题】有以下定义,则在 Visual C++ 6.0 环境下 sizeof(cs)的值是(　　)。

```
struct {
    short a;
    char b;
    float c;
} cs
```

A. 6　　　　B. 7　　　　C. 8　　　　D. 9

36. 【提高题】有以下定义,则在 Visual C++ 6.0 环境下 sizeof(cs)的值是( )。

    ```
    #pragma pack(1)
    struct {
        short a;
        char b;
        float c;
    } cs;
    ```

    A. 6　　　　　B. 7　　　　　C. 8　　　　　D. 9

37. 【提高题】有以下定义,则 sizeof(a)的值是( )。
    (提示:参考"成员字节对齐")

    ```
    union U {
        char st[4];
        short i;
        long l;
    };
    struct A {
        short c;
        union U u;
    } a;
    ```

    A. 6　　　　　B. 7　　　　　C. 8　　　　　D. 9

38. 【提高题】有以下定义,则 sizeof(a)的值是( )。

    ```
    #pragma pack(1)
    union U {
        char st[4];
        short i;
        long l;
    };
    struct A {
        short c;
        union U u;
    } a;
    ```

    A. 6　　　　　B. 7　　　　　C. 8　　　　　D. 9

8.2 填空题

1. C 语言允许定义由不同数据项组合的数据类型,称为_____。_____ 和 _____都是 C 语言的构造类型。

2. 结构体变量成员的引用方式是使用_____运算符,结构体指针变量成员的引用方式是使用_____运算符。

3. 若 a、b 都是结构体变量,语句 a=b;能够执行的条件是_____。
4. 若有定义:

```
struct num{
    int a;int b;float f;
}n={1,3,5.0};
struct num * pn=&n;
```

则表达式 pn->b/n.a * pn->b 的值是_____。表达式(* pn).a+pn->f 的值是_____。

5. 若有定义:

```
struct student {
    int no; char name[12];
    float score[3];
} s1, * p=&s1;
```

用指针变量 p 给 s1 的成员 no 赋值 1234 的语句是_____。

6. 若有定义 union { int b;char a[9];float x;} un;,则 un 的内存空间是_____字节。

7. 若有定义 enum en{a, b=3,c=4};则 a 的序值是_____。

8. C 语言允许用_____声明新的类型名来代替已有的类型名。

8.3 程序阅读题

1. 简要说明下面程序的功能。

```
1   #include <stdio.h>
2   struct{int hour,minute,second;}time;
3   int main()
4   { scanf("%d:%d:%d",&time.hour,&time.minute,&time.second);
5     time.second++;
6     if(time.second==60){
7        time.minute++;
8        time.second=0;
9        if(time.minute==60){
10          time.hour++;time.minute=0;
11          if(time.hour==24)time.hour=0;
12       }
13    }
14    printf("%d:%d:%d",time.hour,time.minute,time.second);
15    return 0;
16  }
```

2. 写出下面程序执行后的运行结果。

```
1   #include <stdio.h>
2   #include <string.h>
3   struct worker {
4      char name[15];
5      int age;
6      float pay;
7   };
8   int main()
9   {  struct worker x;
10     char *t="Lilei";
11     int d=20;float f=100;
12     strcpy(x.name,t);
13     x.age=d*2;x.pay=f*d;
14     printf("%s %d %.0f",x.name,x.age,x.pay);
15     return 0;
16  }
```

3. 写出下面程序执行后的运行结果。

```
1   #include <stdio.h>
2   struct STU {
3      int num;
4      float TotalScore;
5   };
6   void f(struct STU p)
7   {  struct STU s[2]={{20044,550},{20045,537}};
8      p.num=s[1].num;p.TotalScore=s[1].TotalScore;
9   }
10  int main()
11  {  struct STU s[2]={{20041,703},{20042,580}};
12     f(s[0]);
13     printf("%d %3.0f",s[0].num,s[0].TotalScore);
14     return 0;
15  }
```

4. 写出下面程序执行后的运行结果。

```
1   #include <stdio.h>
2   #define N (sizeof(s)/sizeof(s[0]))
3   struct porb {
4      char *name;int age;
5   }s[]={"LiHua",18,"WangXin",25,"LiuGuo",21};
6   void f(struct porb a[],int n)
7   {  int i;
8      for(i=0;i<n;i++)
9          printf("%s:%d\n",a[i].name,a[i].age);
```

```
10  }
11  int main()
12  {   f(s,N);
13      return 0;
14  }
```

5. 写出下面程序执行后的运行结果。

```
1   #include <stdio.h>
2   struct STU {
3       char name[10];
4       int num;
5       int Score;
6   };
7   int main()
8   {   struct STU s[5]={{"YangSan",20041,703},{"LiSiGuo",20042,
9               580},{"wangYin",20043,680},{"SunDan",20044,550},
10          {"Penghua",20045,537}},* p[5],* t;
11      int i,j;
12      for(i=0;i<5;i++)p[i]=&s[i];
13      for(i=0;i<4;i++)
14          for(j=i+1;j<5;j++)
15              if(p[i]->Score>p[j]->Score)
16                  { t=p[i];p[i]=p[j];p[j]=t;}
17      printf("%d␣%d",s[1].Score,p[1]->Score);
18      return 0;
19  }
```

6. 写出下面程序执行后的运行结果。

```
1   #include <stdio.h>
2   #include <string.h>
3   struct STU {
4       char name[10];
5       int num;
6   };
7   void f(char * name,int num)
8   {   struct STU s[2]={{"SunDan",20044},{"Penghua",20045}};
9       num=s[0].num;
10      strcpy(name,s[0].name);
11  }
12  int main()
13  {   struct STU s[2]={{"YangSan",20041},{"LiSiGuo",20042}},* p;
14      p=&s[1];f(p->name,p->num);
15      printf("%s␣%d",p->name,p->num);
16      return 0;
```

17   }

7. 写出下面程序执行后的运行结果。

```
1   #include <stdio.h>
2   struct STU {
3       char name[10];int num;
4   };
5   void f1(struct STU c)
6   {   struct STU b={"LiSiGuo",2042};
7       c=b;
8   }
9   void f2(struct STU *c)
10  {   struct STU b={"SunDan",2044};
11      *c=b;
12  }
13  int main()
14  {
15      struct STU a={"YangSan",2041},b={"WangYin",2043};
16      f1(a);f2(&b);
17      printf("%d %d",a.num,b.num);
18      return 0;
19  }
```

8. 写出下面程序执行后的运行结果。

```
1   #include <stdio.h>
2   struct w{char low;char high;};
3   union u{struct w byte;int word;}uu;
4   int main()
5   {   uu.word=0x1234;
6       printf("%04x\n",uu.word);
7       printf("%02x\n",uu.byte.high);
8       printf("%02x\n",uu.byte.low);
9       uu.byte.low=0xff;
10      printf("%04x\n",uu.word);
11      return 0;
12  }
```

9. 写出下面程序执行后的运行结果。

```
1   #include <stdio.h>
2   struct {
3       int a,b;
4       union {int M,N;char ch[10];}in;
5   }Q,*p=&Q;
6   int main()
```

```
7   {
8       Q.a=3;Q.b=6;
9       Q.in.M=(*p).a+(*p).b;Q.in.N=p->a*p->b;
10      printf("%d,%d,%d",sizeof(Q.in),Q.in.M,Q.in.N);
11      return 0;
12  }
```

10. 写出下面程序执行后的运行结果。

```
1   #include <stdio.h>
2   #include <string.h>
3   typedef struct student {
4       char name[10];
5       long sno;
6       float score;
7   }STU;
8   int main()
9   { STU a={"zhangsan",2001,95},b={"Shangxian",2002,90},
10            c={"Anhua",2003,95},d,*p=&d;
11      d=a;
12      if(strcmp(a.name,b.name)>0)d=b;
13      if(strcmp(c.name,d.name)>0)d=c;
14      printf("%ld%s",d.sno,p->name);
15      return 0;
16  }
```

8.4 程序填空题

1. 下面程序的功能是使用结构型来计算复数 x 和 y 的和。请填空使程序完整、正确。

```
1   #include <stdio.h>
2   int main()
3   { struct comp {
4       float re;
5       float im;
6       };
7       ①_____ x,y,z;
8       scanf("%f%f%f%f",&x.re,&x.im,&y.re,&y.im);
9       z.re=②_____;z.im=③_____;
10      printf("%6.2f,%6.2f",z.re,z.im);
11      return 0;
12  }
```

2. 下面程序的功能是使一个一维数组和一个二维数组同处一个共用型,将数据输入一维数组后,在二维数组中输出。请填空使程序完整、正确。

```
1   #include <stdio.h>
2   int main()
3   { union data {
4         int a[10];
5         int ① _____ ;
6     };
7     union data ab;
8     int i,j;
9     for(i=0;i<10;i++)
10        scanf("%d",&ab.② _____ );
11    for(i=0;i<2;i++)
12        for(j=0;j<5;j++)
13            printf("%d",ab.b[i][j]);
14    return 0;
15  }
```

8.5 程序设计题

1. 编写程序用结构体存放下表中的数据,然后输出每人的姓名和工资实发数(基本工资+浮动工资−支出)。

姓 名	基 本 工 资	浮 动 工 资	支 出
zhao	240.00	420.00	45.00
qian	360.00	120.00	30.00
sun	560.00	0.0	180.00

2. 设有学生信息如下:学号(长整型)、姓名(字符串)、年龄(整型)、英语、数学、语文、政治、物理、化学、计算机成绩(均为实型)、总分(实型)、平均分(实型)。编写程序输入10个学生信息,计算每个学生的总分、平均分,然后输出总分最高的学生姓名。

3. 定义下面结构表示复数:

```
typedef struct complex {
    double r;              /*实部*/
    double i;              /*虚部*/
} COMPLEX;
```

编写4个函数分别实现复数的和、差、积、商计算,在主函数中输入数据并调用这些函数得到复数运算结果。

第 9 章

链 表

9.1 选择题

1. 链表不具有的特点是(　　)。
   A. 可随机访问任一元素
   B. 插入、删除不需要移动元素
   C. 不必事先估计存储空间
   D. 所需空间与线性表长度成正比
2. 链接存储的存储结构所占存储空间(　　)。
   A. 分两部分,一部分存放结点值,另一部分存放表示结点间关系的指针
   B. 只有一部分,存放结点值
   C. 只有一部分,存储表示结点间关系的指针
   D. 分两部分,一部分存放结点值,另一部分存放结点所占单元数
3. 链表是一种采用(　　)存储结构存储的线性表。
   A. 顺序　　　　　B. 链式　　　　　C. 星式　　　　　D. 网状
4. 有以下结构体说明和变量的定义,且指针 p 指向变量 a,指针 q 指向变量 b,则不能把结点 b 连接到结点 a 之后的语句是(　　)。

   ```
   struct node {
       char data;
       struct node * next;
   } a,b, * p=&a, * q=&b;
   ```

   A. a.next=q;　　　　　　　　B. p.next=&b;
   C. p->next=&b;　　　　　　　D. (* p).next=q;
5. 下面程序执行后的输出结果是(　　)。

   ```
   1   #include <stdio.h>
   2   #include <stdlib.h>
   3   struct NODE {
   4       int num;struct NODE * next;
   5   };
   ```

```
6   int main()
7   { struct NODE * p, * q, * r;
8     p=(struct NODE * )malloc(sizeof(struct NODE));
9     q=(struct NODE * )malloc(sizeof(struct NODE));
10    r=(struct NODE * )malloc(sizeof(struct NODE));
11    p->num=10;q->num=20;r->num=30;
12    p->next=q;q->next=r;
13    printf("%d",p->num+ q->next->num);
14    return 0;
15  }
```

A. 10　　　　　B. 20　　　　　C. 30　　　　　D. 40

6. 下面程序执行后的输出结果是(　　)。

```
1   #include <stdio.h>
2   struct NODE { int num;struct NODE * next;};
3   int main()
4   { struct NODE s[3]={{1,'\0'},{2,'\0'},{3,'\0'}}, * p, * q, * r;
5     int sum=0;
6     s[0].next=s+1;s[1].next=s+2;s[2].next=s;
7     p=s;q=p->next;r=q->next;
8     sum+=q->next->num;sum+=r->next->next->num;
9     printf("%d",sum);
10    return 0;
11  }
```

A. 3　　　　　B. 4　　　　　C. 5　　　　　D. 6

7. 在单向链表中,存储每个结点需有两个域:一个是数据域;另一个是指针域,它指向该结点的(　　)。

　　A. 直接前趋　　B. 直接后继　　C. 开始结点　　D. 终端结点

8. 对于一个头指针为 head 的带头结点的单向链表,判定该表为空表的条件是(　　)。

　　A. head==NULL　　　　　　　B. head→next==NULL

　　C. head→next==head　　　　　D. head!=NULL

9. 以下程序的功能是建立一个带有头结点的单向链表,并将存储在数组中的字符依次转储到链表的各个结点中,请从与下划线处号码对应的一组选项中选择出正确的选项。①是(　　),②是(　　),③是(　　)。

```
1   #include <stdio.h>
2   #include <stdlib.h>
3   struct node {
4     char data;struct node * next;
5   };
6   _____①_____ CreatList(char * s)
7   { struct node * h, * p, * q;
```

```
8      h=(struct node * )malloc(sizeof(struct node));
9      p=q=h;
10     while(* s!='\0') {
11         p=(struct node * ) malloc(sizeof(struct node));
12         p->data=___②___;
13         q->next=p;
14         q=___③___;
15         s++;
16     }
17     p->next=NULL;
18     return h;
19 }
20 int main()
21 {  char str[]="link list";
22    struct node * head;
23    head=CreatList(str);
24    return 0;
25 }
```

① A. char *　　　B. struct node　　　C. struct node *　　　D. char

② A. * s　　　　B. s　　　　　　　　C. * s++　　　　　　　D. (* s)++

③ A. p—>next　B. p　　　　　　　　C. s　　　　　　　　　D. s—>next

10. 有以下结构体说明和变量定义，如图所示，指针 p、q、r 分别指向一个链表中的三个连续结点。

```
struct node{
    int data;struct node * next;
} * p, * q, * r;
```

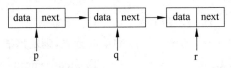

现要将 q 和 r 所指结点的先后位置交换，同时要保持链表的连续，以下错误的程序段是（　　）。

A. r—>next=q; q—>next=r—>next; p—>next=r;

B. q—>next=r—>next; p—>next=r; r—>next=q;

C. p—>next=r; q—>next=r—>next; r—>next=q;

D. q—>next=r—>next; r—>next=q; p—>next=r;

11. 有以下结构体说明和变量定义，如下所示：

```
struct node {
    int data;
    struct node * next;
} * p, * q, * r;
```

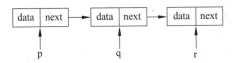

现要将 q 所指结点从链表中删除,同时要保持链表的连续,以下不能完成指定操作的语句是(　　)。

A. p—>next=q—>next;　　　　B. p—>next=p—>next—>next;

C. p—>next=r;　　　　　　　D. p=q—>next;

12. 有以下定义:

```
struct link {
    int data;
    struct link * next;
} a,b,c, * p, * q;
```

且变量 a 和 b 之间已有如下所示的链表结构:

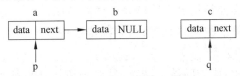

指针 p 指向变量 a,q 指向变量 c。则能够把 c 插入到 a 和 b 之间并形成新的链表的语句组是(　　)。

A. a.next=c; c.next=b;

B. p.next=q; q.next=p.next;

C. p—>next=&c; q—>next=p—>next;

D. (* p).next=q;(* q).next=&b;

13. 有关双向链表的说法正确的是(　　)。

A. 双向链表实现了对结点的随机访问,是一种随机存储结构

B. 双向链表的结点含有两个指针域,分别存放指向其直接前趋和直接后继结点的指针

C. 双向链表所需空间与单向链表相同

D. 在双向链表中插入或删除结点时,需要移动结点

14. 在双向链表存储结构中,删除 p 所指的结点时须修改指针(　　)。

A. p—>next—>prior=p—>prior;p—>prior—>next=p—>next;

B. p—>next=p—>next—>next;p—>next—>prior=p;

C. p—>prior—>next=p;p—>prior=p—>prior—>prior;

D. p—>prior=p—>next—>next;p—>next=p—>prior—>prior;

9.2　填空题

1. 单向链表中设置头结点的作用是_____。

2. 单向链表中,指针 p 所指结点为最后一个结点的条件是_____。

3. 在带头结点的单向链表 L 中,若要删除第一个元素,则需要执行下列三条语句:_____、_____、_____。

4. 在带有头结点的单向链表 L 中,第一个元素结点的指针是_____。

5. 单向链表中,除了首元结点外,任一结点的存储位置由_____指示。

6. 在 n 个结点的单向链表中要删除已知结点 * p,需找到它的_____。

7. 带头结点的双链表为空的条件是_____。

8. 已知指针 p 指向双向链表中的一个结点(非首结点、非尾结点),则将结点 s 插入在 p 结点的直接后继位置的语句是_____。

9.3 判断题

1. 对链表进行插入和删除操作时,不必移动结点。( )
2. 链表的每个结点中都恰好包含一个指针。( )
3. 链表的物理存储结构具有同链表一样的顺序。( )
4. 链表的删除算法很简单,因为当删除链表中某个结点后,计算机会自动地将后续的各个单元向前移动。( )
5. 在单向链表中,要访问某个结点,只要知道该结点的指针即可;因此,单向链表是一种随机存储结构。( )
6. 如果单向链表带有头结点,则插入操作永远不会改变头结点指针的值。( )

9.4 程序阅读题

1. 写出下面程序执行后的运行结果。

```
1   #include <stdio.h>
2   struct NODE {
3       int k;
4       struct NODE * link;
5   };
6   int main()
7   {   struct NODE m[5], * p=m, * q=m+4;
8       int i=0;
9       while(p!=q) {
10          p->k=++i; p++;
11          q->k=i++; q--;
12      }
13      q->k=i;
14      for(i=0;i<5;i++) printf("%d",m[i].k);
15      return 0;
16  }
```

2. 写出下面程序执行后的运行结果。

```
1   #include <stdio.h>
2   #include <stdlib.h>
3   struct NODE{
4      int num;
5      struct NODE * next;
6   };
7   int main()
8   { struct NODE * p, * q, * r;
9     int sum=0;
10    p=(struct NODE *)malloc(sizeof(struct NODE));
11    q=(struct NODE *)malloc(sizeof(struct NODE));
12    r=(struct NODE *)malloc(sizeof(struct NODE));
13    p->num=1;q->num=2;r->num=3;
14    p->next=q;q->next=r;r->next=NULL;
15    sum+=q->next->num;sum+=p->num;
16    printf("%d",sum);
17    return 0;
18  }
```

9.5 程序填空题

1. 下面函数的功能是将链表中 tabdata 类型的成员 num 值与形参 n 相等的结点删除。请填空使程序完整、正确。

```
1   #include <stdio.h>
2   struct tabdata * del(struct tabdata * h,int n)
3   { struct tabdata * p1, * p2;
4     if(h==NULL){
5        printf("空链表!");
6        ①_____ ;
7     }
8     p1=h;
9     while(n!=p1->num && ②_____){
10       p2=p1;p1=p1->next;
11    }
12    if(③_____){
13       if(p1==h)h=p1->next;
14       else ④_____ ;
15       printf("删除:%d",n);
16    }
17    else
```

```
18        printf("%d 找不到!",n);
19     return h;
20  }
```

2. 下面函数的功能是创建 n 个 student 类型结点的链表。请填空使程序完整、正确。

```
1   #include <stdio.h>
2   #include <stdlib.h>
3   student * create(int n)
4   {  int i;student * h, * p1, * p2;
5      p1=h=(student * )malloc(sizeof(student));
6      scanf("%s%d",h->name,&h->cj);
7      for(i=2;i<=n;i++){
8         p2=(student * )malloc(sizeof(student));
9         ①_____;
10        p1->next=p2;
11        ②_____;
12     }
13     p2->next=NULL;
14     ③_____;
15  }
```

3. 以下程序中函数 fun 的功能是构成一个带头结点的单向链表，在结点数据域中放入了具有两个字符的字符串。函数 disp 的功能是显示输出该单向链表中所有结点中的字符串。请填空使程序完整、正确。

```
1   #include <stdio.h>
2   typedef struct node {
3      char sub[3];
4      struct node * next;
5   } Node;
6   Node * fun()
7   {...}
8   void disp(Node * h)
9   {  Node * p;
10     p=h->next;
11     while(①_____){
12        printf("%s\n",p->sub);
13        p=②_____;
14     }
15  }
16  int main()
17  {  Node * hd;
```

```
18     hd=fun();disp(hd);
19     return 0;
20 }
```

9.6 程序设计题

1. 编写程序建立一个带有头结点的单向链表,链表结点中的数据通过键盘输入,当输入 0 时,表示结束(链表头结点的 data 域不放数据,表空条件是 next==NULL)。

2. 写程序建立一个链表,每个结点包括:学号、姓名、性别、年龄,输入一个学号,如果链表中的结点包括该学号,则输出该结点内容后,并将其结点删去。

3. 已知 head 指向一个带头结点的单向链表,链表中每个结点包含数据域 data 和指针域 next,编写程序实现如下图所示链表的逆序放置。

原链表为:

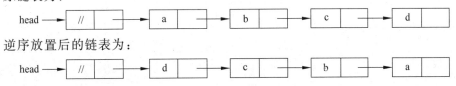

逆序放置后的链表为:

4. 链表结点类型如下:

```
typedef char datatype;
struct node {
    datatype data;
    struct node * next;
};
```

编写程序实现单向链表的建立,读取和删除函数,在主函数中选择执行。

5. 链表结点类型如下:

```
struct linka {
    int data;
    linka * next;
};
```

创建一个这样的链表:1->2->3->4->5,编写程序实现该链表的反转,即 5->4->3->2->1。

提示:遍历一遍链表,利用一个辅助指针,存储遍历过程中当前指针指向的下一个元素,然后将当前结点元素的指针反转后,利用已经存储的指针往后面继续遍历。

6. 编写程序判断一个链表是否存在环,例如 N1->N2->N3->N4->N5->N2 就是一个有环的链表,环的开始结点是 N5。

提示:设置两个指针 p1、p2。每次循环 p1 向前走一步,p2 向前走两步。直到 p2 碰到 NULL 指针或者两个指针相等结束循环。如果两个指针相等则说明存在环。

7. 已知 L1 和 L2 分别指向两个单向链表的头结点,且已知其长度分别为 m 和 n,试写一算法将两个链表连接在一起。

8. 编写程序找出单向链表的中间结点并统计全部结点数。

提示：设置两个指针 p1、p2。每次循环 p1 向前走一步，p2 向前走两步。当 p2 到达链表的末尾时，p1 指向链表的中间。

9. 已知带头结点的动态单向链表 L 中的结点是按整数值递增排列的，试编写函数将值为 x 的结点插入到表 L 中，使 L 仍然有序。

10. 请设计一个算法来完成两个超长正整数的加法。

提示：采用一个带有头结点的环形链来表示一个非负的超大整数，如果从低位开始为每个数字编号，则第 1 位到第 4 位、第 5 位到第 8 位……的每四位组成的数字，依次放在链表的第 1 个、第 2 个……结点中，不足 4 位的最高位存放在链表的最后一个结点中，头结点的值规定为－1。

第 10 章 文件

10.1 选择题

1. 下列关于 C 语言数据文件的叙述中正确的是( )。
   A. 文件由 ASCII 码字符序列组成，C 语言只能读写文本文件
   B. 文件由二进制数据序列组成，C 语言只能读写二进制文件
   C. 文件由记录序列组成，可按数据的存放形式分为二进制文件和文本文件
   D. 文件由数据流形式组成，可按数据的存放形式分为二进制文件和文本文件
2. 系统的标准输入文件是指( )。
   A. 键盘　　　　B. 显示器　　　　C. 软盘　　　　D. 硬盘
3. 系统的标准输出文件是指( )。
   A. 键盘　　　　B. 显示器　　　　C. 软盘　　　　D. 硬盘
4. 以下叙述中错误的是( )。
   A. C 语言中对二进制文件的访问速度比文本文件快
   B. C 语言中，随机文件以二进制代码形式存储数据
   C. FILE fp;定义了一个名为 fp 的文件指针
   D. C 语言中的文本文件以 ASCII 码形式存储数据
5. 以下叙述中错误的是( )。
   A. 二进制文件打开后可以先读文件的末尾，而顺序文件不可以
   B. 在程序结束时，应当用 fclose 函数关闭已打开的文件
   C. 利用 fread 函数从二进制文件中读数据时，可以用数组名给数组中所有元素读入数据
   D. 不可以用 FILE 定义指向二进制文件的文件指针
6. fopen 函数中正确的文件名参数写法是( )。
   A. c:\user\text.txt　　　　　　　B. c:\\user\\text.txt
   C. "c:\user\text.txt"　　　　　　D. "c:\\user\\text.txt"
7. 若有定义 char fname[]="infile.dat";，则为读而打开文本文件 infile.dat 的正确写法是( )。
   A. fopen(infile,"r")　　　　　　B. fopen("infile","r")

C. fopen(fname,"r")   D. fopen("fname","r")

8. 若要用 fopen 函数创建一个新的二进制文件,该文件既要能读也能写,则文件打开方式应是( )。
   A. "ab+"   B. "wb+"   C. "rb+"   D. "ab"

9. 若执行 fopen 函数时发生错误,则函数的返回值是( )。
   A. 地址值   B. NULL   C. 1   D. EOF

10. 若以"a+"方式打开一个已存在的文件,以下叙述中正确的是( )。
    A. 文件打开时,原有文件内容不被删除,位置指针移到文件末尾,可作添加和读操作
    B. 文件打开时,原有文件内容不被删除,位置指针移到文件开头,可作重写和读操作
    C. 文件打开时,原有文件内容被删除,只可作写操作
    D. 以上说法都不正确

11. 在文件打开方式中,字符串"rb"表示( )。
    A. 打开一个已存在的二进制文件,只能读取数据
    B. 打开一个文本文件,只能写入数据
    C. 打开一个已存在的文本文件,只能读取数据
    D. 打开一个二进制文件,只能写入数据

12. 以"w"方式打开文本文件 a:\aa.dat,若该文件已存在,则( )。
    A. 新写入数据被追加到文件末尾
    B. 文件被清空,从文件头开始存放新写入数据
    C. 显示出错信息
    D. 新写入数据被插入到文件首部

13. 写字符到磁盘文件的 fputc 函数,其函数原型正确的是( )。
    A. FILE * fputc(char)   B. int fputc(FILE *)
    C. int fpuc(char,FILE *)   D. int fputc(FILE *,char)

14. 在 C 程序中,可把整型数据以二进制形式存放到文件中的函数( )。
    A. fprint   B. fputs   C. fwrite   D. fputc

15. fgetc 函数的作用是从指定文件读入一个字符,该文件的打开方式必须是( )。
    A. 只写   B. 追加   C. 读或读写   D. B 和 C 都正确

16. 利用 fseek 函数可实现的操作是( )。
    A. 改变文件的位置指针   B. 文件的顺序读写
    C. 文件的随机读写   D. 以上答案均正确

17. 函数调用语句 fseek(fp,−20L,2)的含义是( )。
    A. 将文件位置指针移到距离文件头 20 个字节处
    B. 将文件位置指针从当前位置向后移动 20 个字节
    C. 将文件位置指针从文件末尾向后退 20 个字节
    D. 将文件位置指针移到当前位置 20 个字节处

18. 以下与函数 fseek(fp,0L,SEEK_SET)有相同作用的是(　　)。
    A. feof(fp)　　　B. ftell(fp)　　　C. fgetc(fp)　　　D. rewind(fp)
19. 函数 rewind 的作用是(　　)。
    A. 使位置指针重新返回文件的开头
    B. 将位置指针指向文件中所要求的特定位置
    C. 使位置指针指向文件的末尾
    D. 使位置指针自动移至下一个字符位置
20. 函数 ftell(fp)的作用是(　　)。
    A. 得到流式文件中的当前位置　　　B. 移动流式文件的位置指针
    C. 初始化流式文件的位置　　　　　D. 以上答案均正确
21. 若有定义 FILE * fp;且 fp 指向的文件未结束,则函数 feof(fp)的返回值为(　　)。
    A. 0　　　B. true　　　C. 非 0　　　D. false
22. 下面程序段执行后的输出结果是(　　)。

    ```
    #include <stdio.h>
    printf("%d",NULL);
    ```

    A. -1　　　B. 0　　　C. 1　　　D. 2
23. 下面程序执行后的输出结果是(　　)。

    ```
    1  #include <stdio.h>
    2  void WriteStr(char * fn,char * str)
    3  { FILE * fp;
    4    fp=fopen(fn,"w");
    5    fputs(str,fp);
    6    fclose(fp);
    7  }
    8  int main()
    9  { WriteStr("t1.dat","start");
    10   WriteStr("t1.dat","end");
    11   return 0;
    12 }
    ```

    A. start　　　B. end　　　C. startend　　　D. endstart
24. 下面程序执行后的输出结果是(　　)。

    ```
    1  #include <stdio.h>
    2  int main()
    3  { FILE * fp;
    4    int i,k,n;
    5    fp=fopen("data.dat","w+");
    6    for(i=1;i<6;i++)
    7    { fprintf(fp,"%d ",i);
    8      if(i%3==0)fprintf(fp,"\n");
    9    }
    ```

```
10      rewind(fp);
11      fscanf(fp,"%d%d",&k,&n);
12      printf("%d %d",k,n);
13      fclose(fp);
14      return 0;
15    }
```

  A. 0 0   B. 5 6   C. 3 4   D. 1 2

25. 下面程序执行后的输出结果是(　　)。

```
1    #include <stdio.h>
2    int main()
3    { FILE * fp;int i=20,j=30,k,n;
4      fp=fopen("d1.dat","w");
5      fprintf(fp,"%d\n",i);
6      fprintf(fp,"%d\n",j);
7      fclose(fp);
8      fp=fopen("d1.dat","r");
9      fscanf(fp,"%d%d",&k,&n);
10     printf("%d %d\n",k,n);
11     fclose(fp);
12     return 0;
13   }
```

  A. 20 30   B. 20 50   C. 30 50   D. 30 20

26. 【提高题】C 语言中,系统自动打开的文件是(　　)。

  A. 二进制文件   B. 随机文件   C. 非缓冲文件   D. 设备文件

10.2　填空题

  1. 对 C 语言流式文件进行读写的两种形式是_____和_____。

  2. C 语言打开文件的函数是_____,关闭文件的函数是_____。

  3. 按指定格式输出数据到文件中的函数是_____,按指定格式从文件输入数据的函数是_____,判断文件指针到文件末尾的函数是_____。

  4. 输出一个数据块到文件中的函数是_____,从文件中输入一个数据块的函数是_____;输出一个字符串到文件中的函数是_____,从文件中输入一个字符串的函数是_____。

  5. 将文件指针移到文件当前位置前 40 个字节的 C 语言语句是_____,将文件指针移到文件当前位置后 10 个字节的 C 语言语句是_____,将文件指针移到文件开始的函数是_____,将文件指针移到文件结束的函数是_____,得到当前文件指针的函数是_____。

  6. 在 C 文件中,数据可用_____和_____两种代码形式存放。

7. feof(fp)函数用来判断文件是否结束,如果遇到文件结束,函数值为_____,否则为_____。

8. 在 C 语言中,文件的存取是以_____为单位的,这种文件被称作_____文件。

9. C 语言程序中对文本文件的存取是以_____为单位进行的。

10. 若使用 fopen 函数打开一个新的二进制文件,对该文件进行读写操作,则文件打开方式字符串应该是_____。

11. 使用 fopen("abc.dat","a+");打开文件,所有的写操作均在文件_____进行。

12. 使用 fopen("abc","a+");打开文件,如果文件"abc"不存在,则_____。

13. C 语言中建立有效文件指针的函数是_____。

14. 判断文本文件是否结束时使用的符号常量 EOF 的值是_____。

15. 有以下程序:

```
1  #include <stdio.h>
2  int main()
3  {   FILE * fp1;
4      fp1=fopen("f1.txt","w");
5      fprintf(fp1,"abc");
6      fclose(fp1);
7      return 0;
8  }
```

若文本文件 f1.txt 中原有内容为 good,则运行程序后文件 f1.txt 中的内容为_____。

10.3 简答题

1. 阐述 C 语言"缓冲文件系统"和"非缓冲文件系统"的区别。
2. 简要叙述文件指针的含义。
3. 为什么对文件处理前需要打开文件,文件处理后需要关闭该文件?
4. 有一个文件 TT.EXE 可能已经感染了病毒,病毒的特征码(十六进制数据)0E 34 DF 24 15 DD 会出现在该文件中,试写出判断该文件是否感染病毒的编程思路。

10.4 程序阅读题

1. 阅读下列程序,简要叙述程序的功能。

```
1  #include<stdio.h>
2  int main()
3  {   FILE * fpd1, * fpd2;char ch;
4      fpd1=fopen("d1.dat","r");
5      fpd2=fopen("d2.dat","w");
```

```
6        while(fscanf(fpd1,"%c",&ch)!=EOF)
7           if(ch>='A' && ch<='Z'||ch>='a' && ch<='z')
8              fprintf(fpd2,"%c",ch);
9        fclose(fpd1);
10       fclose(fpd2);
11       return 0;
12  }
```

2. 设文件 file1.c 的内容为 COMPUTER。写出下面程序执行后的运行结果。

```
1   #include<stdio.h>
2   int main()
3   {  char ch;FILE * fp;
4      if((fp=fopen("file1.c","r"))==NULL)
5         { printf("不能打开文件\n"); return; }
6      while(!feof(fp)){
7         ch=fgetc(fp);
8         if(ch>='A'&&ch<='Z')fputc(ch+32,stdout);
9      }
10     fclose(fp);
11     return 0;
12  }
```

3. 下面程序执行后,写出 test.txt 文件的内容。

```
1   #include<stdio.h>
2   int main()
3   {  FILE * fp;
4      char * s1="Fortran", * s2="Basic";
5      if((fp=fopen("test.txt","wb"))==NULL)
6         { printf("不能打开文件\n"); return; }
7      fwrite(s1,7,1,fp);
8      fseek(fp,0L,SEEK_SET);
9      fwrite(s2,5,1,fp);
10     fclose(fp);
11     return 0;
12  }
```

4. 写出下面程序执行后的运行结果。

```
1   #include<stdio.h>
2   int main()
3   {  int i,a[4]={1,2,3,4},b;
4      FILE * fp;
5      fp=fopen("data.dat","wb");
6      for(i=0;i<4;i++)  fwrite(&a[i],sizeof(int),1,fp);
7      fclose(fp);
8      fp=fopen("data.dat","rb");
```

```
9       fseek(fp,-2L*sizeof(int),SEEK_END);
10      fread(&b,sizeof(int),1,fp);
11      fclose(fp);
12      printf("%d",b);
13      return 0;
13  }
```

5．写出下面程序执行后的运行结果。

```
1   #include<stdio.h>
2   int main()
3   {   FILE * fp;
4       int i;char ch[]="abcd",t;
5       fp=fopen("abc.dat","wb+");
6       for(i=0;i<4;i++)
7           fwrite(&ch[i],1,1,fp);
8       fseek(fp,-2L,SEEK_END);
9       fread(&t,1,1,fp);
10      fclose(fp);
11      printf("%c",t);
12      return 0;
13  }
```

10.5 程序填空题

1．下面程序的功能是将文件 stud_dat 中第 i 个学生的姓名、学号、年龄、性别输出。请填空使程序完整、正确。

```
1   #include<stdio.h>
2   struct student_type {
3       char name[10];
4       int num;int age;char sex;
5   } stud[10];
6   int main()
7   {   int i;
8       FILE ①_____;
9       if((fp=fopen("stud_data","rb"))==NULL)
10          { printf("error!\n");return;}
11      scanf("%d",&i);
12      fseek(②_____);
13      fread(③_____,sizeof(struct student_type),1,fp);
14      printf("%s%d%d%c\n",stud[i].name,stud[i].num,stud[i].age,stud[i].sex);
15      fclose(fp);
16      return 0;
17  }
```

2. 下面程序的功能是将文件 file1.c 的内容输出到屏幕上并复制到文件 file2.c 中。请填空使程序完整、正确。

```
1   #include <stdio.h>
2   int main()
3   {   FILE ①_____;
4       fp1=fopen("file1.c","r");fp2=fopen("file2.c","w");
5       while(!feof(fp1))
6           putchar(getc(fp1));
7       ②_____;
8       while(!feof(fp1))
9           putc(③_____);
10      fclose(fp1);fclose(fp2);
11      return 0;
12  }
```

3. 下面程序的功能是将键盘输入的字符串(换行符为结束标志)写到名为 abc.dat 的文件中。请填空使程序完整、正确。

```
1   #include <stdio.h>
2   int main()
3   {
4       ①_____;
5       char ch;
6       fp=fopen("abc.dat","w");
7       ch=getchar();
8       while(②_____) {
9           fputc(ch,fp);ch=getchar();
10      }
11      ③_____;
12      return 0;
13  }
```

4. 下面程序的功能是统计当前目录下文本文件 data.txt 中数字字符('0'到'9')出现的次数。请填空使程序完整、正确。

```
1   #include <stdio.h>
2   int main()
3   {   char ch;int count=0;
4       ①_____;
5       if((fp=fopen("data.txt","r"))==NULL)
6           { printf("不能打开文件 data.txt!\n");return;}
7       while((ch=②_____)!=EOF)
8           if(ch<='9'&&ch>='0') count++;
9       printf("%d",count);fclose(fp);
10      return 0;
```

11   }

5. 下面程序的功能是建立一个磁盘文件,文件名和内容由键盘输入:

filec.c↙
Program C *↙

请填空使程序完整、正确。

```
1    #include <stdio.h>
2    int main()
3    {   char ch,fname[20];
4        ①_____ ;
5        scanf("%s",fname);
6        if((fp=fopen(②_____ ,"w"))==NULL)
7            return;
8        ch=getchar();
9        while(ch!='*')
10       {   fputc(ch,fp);
11           putchar(ch);
12           ch=getchar();
13       }
14       fclose(③_____ );
15       return 0;
16   }
```

6. 下面程序的功能是键入一个字符串,将该字符串分别写到文本文件(te.dat)和二进制文件(bi.dat)中。请填空使程序完整、正确。

```
1    #include <stdio.h>
2    int main()
3    {   char str[80];
4        ①_____ ;
5        gets(str);puts(str);
6        te=fopen("te.dat","wt");
7        bi=fopen("bi.dat","wb");
8        ②_____ ;            /*输出到文本文件中*/
9        ③_____ ;            /*输出到二进制文件中*/
10       fclose(te);fclose(bi);
11       return 0;
12   }
```

10.6　程序设计题

1. 编写程序统计指定文件中出现单词 if、while、for 的次数。
2. 编写程序将磁盘中当前目录下名为 xw.txt 的文本文件复制到同一个目录下,新文件取名为 xw.doc。

3. 编写程序对磁盘上"http.url"文本文件中每行的"@"之前的所有字符加密，加密方法是每个字节的内容减 32。

4. 编写程序输入 100 个学生的信息（包括学号、姓名、年龄、7 科成绩、自动计算总分），统计所有学生的总分，并按总分由大到小排序存入到二进制数据文件 student.db 中。

5. 已知在文件 IN.DAT 中存有 100 个产品销售记录，每个产品销售记录由产品代码 dm（字符型 4 位）、产品名称 mc（字符型 10 位）、单价 dj（整型）、数量 sl（整型）、金额 je（长整型）五部分组成。其中：金额＝单价＊数量计算得出。编写程序：

（1）编写函数 ReadDat()，从文件 IN.DAT 中读取这 100 个销售记录并存入到结构数组 sell 中。

（2）编写函数 SortDat()，其功能为按产品名称从小到大进行排列，若产品名称相同，则按金额从大到小进行排列，最终排列结果仍存入结构数组 sell 中。

（3）编写函数 WriteDat()，把结果输出到文件 OUT.DAT 中。

（4）在 main 函数中调用这三个函数输入数据、排序、输出结果。

第 11 章

算 法

11.1 选择题

1. 算法是一种（　　）。
   A. 加工方法　　　　　　　　　　B. 解题方案的准确而完整的描述
   C. 排序方法　　　　　　　　　　D. 查询方法
2. 下列关于算法的叙述，错误的是（　　）。
   A. 算法是为解决一个特定的问题而采取的特定的有限的步骤
   B. 算法是用于求解某个特定问题的一些指令的集合
   C. 算法是从计算机的操作角度对解题过程的抽象，是程序的核心
   D. 算法是从如何组织处理操作对象的角度进行抽象
3. 以下叙述中正确的是（　　）。
   A. 用 C 程序实现的算法必须要有输入和输出操作
   B. 用 C 程序实现的算法可以没有输出但必须要输入
   C. 用 C 程序实现的算法可以没有输入但必须要有输出
   D. 用 C 程序实现的算法可以既没有输入也没有输出
4. 以下叙述中错误的是（　　）。
   A. 算法正确的程序最终一定会结束
   B. 算法正确的程序可以有零个输出
   C. 算法正确的程序可以有零个输入
   D. 算法正确的程序对于相同的输入一定有相同的结果
5. 对于算法的每一步，指令必须是可执行的。算法的（　　）要求算法在有限步骤之后能够达到预期的目的。
   A. 可行性　　　　B. 有穷性　　　　C. 正确性　　　　D. 确定性
6. 结构化程序由三种基本结构组成，三种基本结构组成的算法（　　）。
   A. 可以完成任何复杂的任务　　　　B. 只能完成部分复杂的任务
   C. 只能完成符合结构化的任务　　　D. 只能完成一些简单的任务
7. 算法分析的目的是（　　）。
   A. 找出数据结构的合理性　　　　　B. 找出算法中输入和输出之间的关系

C. 分析算法的易懂性和可靠性　　　　D. 分析算法的效率以求改进

8. 算法分析的两个主要方面是(　　)。
   A. 空间复杂性和时间复杂性　　　　B. 正确性和简明性
   C. 可读性和文档性　　　　　　　　D. 数据复杂性和程序复杂性

9. 算法的空间复杂度是指(　　)。
   A. 算法程序的长度　　　　　　　　B. 算法程序中的指令条数
   C. 算法程序所占的存储空间　　　　D. 算法执行过程中所需要的存储空间

10. 下列叙述中正确的是(　　)。
    A. 一个算法的空间复杂度大,则其时间复杂度也必定大
    B. 一个算法的空间复杂度大,则其时间复杂度必定小
    C. 一个算法的时间复杂度大,则其空间复杂度必定小
    D. 上述三种说法都不对

11. 下面叙述正确的是(　　)。
    A. 算法的执行效率与数据的存储结构无关
    B. 算法的空间复杂度是指算法程序中指令(或语句)的条数
    C. 算法的有穷性是指算法必须能在执行有限个步骤之后终止
    D. 以上三种描述都不对

12. 下面说法错误的是(　　)。
    (1) 算法原地工作的含义是指不需要任何额外的辅助空间
    (2) 在相同的规模 n 下,复杂度 $O(n)$ 的算法在时间上总是优于复杂度 $O(2n)$ 的算法
    (3) 所谓时间复杂度是指最坏情况下,估算算法执行时间的一个上界
    (4) 同一个算法,实现语言的级别越高,执行效率越低
    A. (1)　　　　B. (1)、(2)　　　　C. (1)、(4)　　　　D. (3)

13. 下列程序段的时间复杂度为(　　)。

    ```
    x=n;
    y=0;
    while(x>=(y+1)*(y+1))
        y=y+1;
    ```

    A. $O(n)$　　　　B. $O(n^{1/2})$　　　　C. $O(1)$　　　　D. $O(n^2)$

14. 折半查找的时间复杂性为(　　)。
    A. $O(n^2)$　　　　B. $O(n)$　　　　C. $O(n\log n)$　　　　D. $O(\log n)$

15. 用二分查找法对具有 n 个结点的线性表查找一个结点所需的平均比较次数为(　　)。
    A. $O(n^2)$　　　　B. $O(n\log n)$　　　　C. $O(n)$　　　　D. $O(\log n)$

16. 在对 n 个元素进行冒泡排序的过程中,最好情况下的时间复杂性为(　　)。
    A. $O(n^2)$　　　　B. $O(n)$　　　　C. $O(n\log 2n)$　　　　D. $O(1)$

17. 在下面的排序方法中,辅助空间为 $O(n)$ 的是(　　)。
    A. 希尔排序　　　B. 堆排序　　　C. 选择排序　　　D. 选择排序
18. 下列排序算法中,占用辅助空间最多的是(　　)。
    A. 归并排序　　　B. 快速排序　　　C. 希尔排序　　　D. 堆排序
19. 直接插入排序在最好情况下的时间复杂度为(　　)。
    A. $O(\log n)$　　　B. $O(n)$　　　C. $O(n\log n)$　　　D. $O(n^2)$
20. 对有 n 个记录的表作快速排序,在最坏情况下,算法的时间复杂度是(　　)。
    A. $O(n^3)$　　　B. $O(n)$　　　C. $O(n\log_2 n)$　　　D. $O(n^2)$
21. 下述几种排序方法中,要求内存最大的是(　　)。
    A. 插入排序　　　B. 快速排序　　　C. 归并排序　　　D. 选择排序
22. 在对 n 个元素进行冒泡排序的过程中,最坏情况下的时间复杂性为(　　)。
    A. $O(n^2)$　　　B. $O(n)$　　　C. $O(n\log_2 n)$　　　D. $O(1)$

11.2　填空题

1. 计算机技术中,为解决一个特定问题而采取的特定的有限的步骤称为_____。
2. 算法运行过程中所耗费的时间称为算法的_____。
3. 直接或间接地调用自身的算法称为_____。
4. 算法的复杂度主要包括_____复杂度和_____复杂度。
5. 算法的时间复杂度是指该算法所求解问题_____的函数。

11.3　计算题

1. 计算下面程序段的时间复杂度。

```
for(i=0;i<n;i++)
    for(j=0;j<m;j++)
        A[i][j]=0;
```

2. 计算下面程序段的时间复杂度。

```
i=1;
while(i<=n)
    i=i*2;
```

3. 计算下面算法的时间复杂度。

```
Sum(int n){
    int sum=0,i,j;
    for(i=1;i<=n;i++){
        p=1;
        for(j=1;j<=i;j++)
```

```
            p=p*j;
        sum=sum+p;
    }
    return(sum);
}
```

11.4 简答题

1. 递归算法是否比非递归算法花费更多的时间？为什么？
2. 你知道有哪些算法设计方法？什么是算法分析？
3. 设有 1000 个无序的元素，希望用最快的速度挑选出其中前 10 个最大的元素，最好采用哪种排序方法？

11.5 程序设计题

1. 歌手大奖赛。在歌星大奖赛中，有 10 个评委为参赛的选手打分，分数为 1～100 分。选手最后得分为：去掉一个最高分和一个最低分后其余 8 个分数的平均值，同时考虑对评委评分进行裁判，即在 10 个评委中找出最公平和最不公平的那个。请编写一个程序实现。

2. 谁家孩子跑得最慢。一天，三家的 9 个孩子在一起比赛短跑，规定不分年龄大小，跑第一得 9 分，跑第 2 得 8 分，以此类推。比赛结果各家的总分相同，且这些孩子没有同时到达终点的，也没有一家的两个或三个孩子获得相连的名次。已知获第一名的是李家的孩子，获得第二的是王家的孩子。编程找出谁家孩子跑得最慢。

3. 有乘法算式如下：

18 个○的位置上全部是素数(1、3、5 或 7)，编程还原此算式。

4. 求 9 位累进可除数。所谓 9 位累进可除数就是这样一个数：这个数用 1～9 这 9 个数字组成，每个数字刚好只出现一次。这 9 个位数的前两位被 2 整除，前三位能被 3 整除……前 N 位能被 N 整除，整个 9 位数能被 9 整除。

5. 用分治法求数组最大数。

6. 编写程序，实现一个国际象棋的马踏遍棋盘的演示程序。具体要求为：将马随机放在国际象棋的 8×8 棋盘的某个方格中，马按走棋规则进行移动。要求每个方格只进入一次，走遍棋盘上全部 64 个方格。用堆栈编制非递归程序求出马的行走路线，并按求出的行走路线，将数字 1,2,3,…,64 依次填入一个 8×8 的方阵，输出之。

7. 设计算法解决找零钱问题。

8. 用贪心算法解决汽车加油问题。

9. 问题的提出：4位分别来自中国、美国、俄罗斯、加拿大的小学生都以自己的国土面积大而骄傲不已，但是他们想知道到底谁的国土最大，谁的最小，他们的判断如下：

加拿大学生：加拿大最大，美国最小，俄罗斯第三。

美国学生：美国最大，加拿大最小，俄罗斯第二，中国第三。

中国学生：美国最小，加拿大第三。

他们互不相让，最后老师下定结论：对于上述四国面积的判断，他们每人只判断对了一个国家。对于老师的提示，四位小学生还是绞尽脑汁推断不出到底是谁的国土最大，谁的最小。现请编制程序告诉四位小学生正确顺序。

10. 约瑟问题：15名基督教徒和15名异教徒同乘一船航行，途中风浪大作，危机万分，领航者告诉大家，只要将全船的一半人投入海中，其余人就能幸免。大家都同意这个办法，并商定这30人围成一圈；由第一个人起报数，每数至第9人便把他投入海中，下一个接着从1开始报数，第9人又被投入海中，依次循环，直至剩下15人为止。编程实现使投入海中的人全为异教徒。

第 12 章 数据结构

12.1 选择题

1. 以下说法正确的是（　　）。
   A. 数据元素是数据的最小单位
   B. 数据项是数据的基本单位
   C. 数据结构是带有结构的各数据项的集合
   D. 一些表面上很不相同的数据可以有相同的逻辑结构

2. 以下说法错误的是（　　）。
   A. 程序设计的实质是数据处理
   B. 数据的逻辑结构是数据的组织形式，基本运算规定了数据的基本操作方式
   C. 运算实现是完成运算功能的算法或这些算法的设计
   D. 数据处理方式总是与数据的某种相应表示形式相联系，反之亦然

3. 为了描述 n 个人之间的同学关系，可用（　　）结果表示。
   A. 线性表　　　　　B. 树　　　　　C. 图　　　　　D. 队列

4. 数据在计算机存储器内表示时，物理地址与逻辑地址相同并且是连续的，称之为（　　）。
   A. 存储结构　　　　　　　　B. 逻辑结构
   C. 顺序存储结构　　　　　　D. 链式存储结构

5. 通常要求同一逻辑结构中的所有数据元素具有相同的特性，这意味着（　　）。
   A. 数据具有同一特点
   B. 不仅数据元素所包含的数据项的个数要相同，而且对应数据项的类型要一致
   C. 每个数据元素都一样
   D. 数据元素所包含的数据项的个数要相等

6. 与数据元素本身的形式、内容、相对位置、个数无关的是数据的（　　）。
   A. 存储结构　　　　　　　　B. 存储实现
   C. 逻辑结构　　　　　　　　D. 运算实现

7. 以下说法错误的是(　　)。
   A. 求表长、定位这两种运算在采用顺序存储结构时实现的效率不比采用链式存储结构时实现的效率低
   B. 顺序存储的线性表可以随机存取
   C. 由于顺序存储要求连续的存储区域,所以在存储管理上不够灵活
   D. 线性表的链式存储结构优于顺序存储结构

8. 在数据结构中,从逻辑上可以把数据结构分成(　　)。
   A. 动态结构和静态结构　　　　B. 紧凑结构和非紧凑结构
   C. 线性结构和非线性结构　　　D. 内部结构和外部结构

9. 非线性结构是数据元素之间存在一种(　　)。
   A. 一对多关系　B. 多对多关系　C. 多对一关系　D. 一对一关系

10. 线性表是具有 n 个(　　)的有限序列。
    A. 表元素　　　B. 字符　　　C. 数据元素　　　D. 数据项

11. 下面关于线性表的叙述中,错误的是(　　)。
    A. 线性表采用顺序存储,必须占用一片连续的存储单元。
    B. 线性表采用顺序存储,便于进行插入和删除操作。
    C. 线性表采用链接存储,不必占用一片连续的存储单元。
    D. 线性表采用链接存储,便于插入和删除操作。

12. 某线性表中最常用的操作是在最后一个元素之后插入一个元素和删除第一个元素,则采用(　　)存储方式最节省运算时间。
    A. 单链表　　　　　　　　　B. 仅有头指针的单循环链表
    C. 双链表　　　　　　　　　D. 仅有尾指针的单循环链表

13. 若长度为 n 的线性表采用顺序存储结构,在其第 i 个位置插入一个新元素算法的时间复杂度为(　　)。
    A. $O(\log 2n)$　B. $O(1)$　C. $O(n)$　D. $O(n^2)$

14. 在一个长度为 n 的顺序表中,在第 i 个元素($1 \leqslant i \leqslant n+1$)之前插入一个新元素时须向后移动(　　)个元素。
    A. $n-i$　B. $n-i+1$　C. $n-i-1$　D. i

15. 线性表 $L=(a_1, a_2, \cdots, a_n)$,下列说法正确的是(　　)。
    A. 每个元素有一个直接前驱和一个直接后继
    B. 线性表中至少有一个元素
    C. 表中诸元素的排列必须是由小到大或由大到小
    D. 除首元素和末元素外,其余每个元素都有一个且仅有一个直接前驱和直接后继

16. 以下说法正确的是(　　)。
    A. 顺序存储方式的优点是存储密度大且插入、删除运算率高
    B. 链表的每个结点中都恰好包含一个指针
    C. 线性表的顺序存储结构优于链式存储结构

D. 顺序存储结构属于静态结构而链式结构属于动态结构

17. 单链表的存储密度（　　）。

  A. 大于1　　　　B. 等于1　　　　C. 小于1　　　　D. 不能确定

18. 下列叙述中错误的是（　　）。

  (1) 静态链表既有顺序存储的特点，又有动态链表的优点。所以，它存取表中第 i 个元素的时间与 i 无关。

  (2) 静态链表中能容纳元素个数的最大数在定义时就确定了，以后不能增加

  (3) 静态链表与动态链表在元素的插入、删除上类似，不需做元素的移动

  A. (1)、(2)　　　B. (1)　　　C. (1)、(2)、(3)　　　D. (2)

19. 在双向循环链表中，在 P 指针所指的结点后插入 q 所指向的新结点，其修改指针的操作是（　　）。

  A. p->next=q; q->prior=p; p->next->prior=q; q->next=q;

  B. p->next=q; p->next->prior=q; q->prior=p; q->next=p->next;

  C. q->prior=p; q->next=p->next; p->next->prior=q; p->next=q;

  D. q->next=p->next; q->prior=p; p->next=q; p->next=q;

20. 单循环链表的主要优点是（　　）。

  A. 不再需要头指针了

  B. 从表中任一结点出发都能扫描到整个链表

  C. 已知某个结点的位置后，能够容易找到它的直接前趋

  D. 在进行插入、删除操作时，能更好地保证链表不断开

21. 栈中元素的进出原则是（　　）。

  A. 先进先出　　B. 后进先出　　C. 栈空则进　　D. 栈满则出

22. 判定一个栈 ST（最多元素为 m0）为空的条件是（　　）。

  A. ST->top<>0　　　　　　　B. ST->top=0

  C. ST->top<>m0　　　　　　D. ST->top=m0

23. 设栈的输入序列为 1、2、3、4，则（　　）不可能是其出栈序列。

  A. 1243　　　B. 2134　　　C. 1432　　　D. 4312

24. 设计一个判别表达式中左、右括号是否配对出现的算法，采用（　　）数据结构最佳。

  A. 线性表的顺序存储结构　　　B. 队列

  C. 线性表的链式存储结构　　　D. 栈

25. 队列操作的原则是（　　）。

  A. 先进先出　　B. 后进先出　　C. 只能进行插入　　D. 只能进行删除

26. 若用一个大小为 6 的数组来实现循环队列，且当 rear 和 front 的值分别为 0 和 3。当从队列中删除一个元素，再加入两个元素后，rear 和 front 的值分别是（　　）。

  A. 1和5　　　B. 2和4　　　C. 4和2　　　D. 5和1

27. 假设以数组 A[m] 存放循环队列的元素，其头尾指针分别为 front 和 rear，则当前队列中的元素个数为（　　）。

  A. (rear-front+m)%m　　　　B. rear-front+1

C．(front－rear＋m)％m   D．(rear－front)％m

28．假定一个顺序循环队列存储于数组 A[n]中,其队首和队尾指针分别用 front 和 rear 表示,则判断队满的条件是(   )。

A．(rear－1)％n＝＝front   B．(rear＋1)％n＝＝front
C．rear＝＝(front－1)％n   D．rear＝＝(front＋1)％n

29．设树 T 的度为 4,其中度为 1、2、3 和 4 的结点个数分别为 4、2、1、1,则 T 中的叶子数为(   )。

A．5   B．6   C．7   D．8

30．一棵二叉树高度为 h,所有结点的度或为 0,或为 2,则这棵二叉树最少有(   )结点。

A．2h   B．2h－1   C．2h＋1   D．h＋1

31．某非空二叉树的先序序列和后序序列正好相反,则该二叉树一定是(   )的二叉树。

A．是任意一棵二叉树   B．只有一个叶子结点
C．任一结点无左孩子   D．任一结点无右孩子

32．以下说法中正确的是(   )。

A．若一个树叶是某二叉树前序遍历序列中的最后一个结点,则它必是该子树后序遍历序列中的最后一个结点
B．若一个树叶是某二叉树前序遍历序列中的最后一个结点,则它必是该子树中序遍历序列中的最后一个结点
C．在二叉树中,具有两个子女的父结点,在中序遍历序列中,它的后继结点最多只能有一个子女结点
D．在二叉树中,具有一个子女的父结点,在中序遍历序列中,它没有后继子女结点

33．一棵有 124 个叶结点的完全二叉树,最多有(   )个结点。

A．247   B．248   C．524   D．249

34．具有 10 个叶结点的二叉树中有(   )个度为 2 的结点。

A．8   B．9   C．10   D．11

35．在有 n 个结点的二叉链表中,值为非空的链域的个数是(   )。

A．n－1   B．2n－1   C．n＋1   D．2n＋1

36．以下说法中错误的是(   )。

A．存在这样的二叉树,对它采用任何次序遍历其结点访问序列均相同
B．二叉树是树的特殊情形
C．由树转换成二叉树,其根结点的右子树总是空的
D．在二叉树只有一棵子树的情况下也要明确指出该子树是左子树还是右子树

37．深度为 h 的满 m 叉树的第 k 层有(   )个结点(1≤k≤h)。

A．m^{k-1} B．m^k-1 C．m^{h-1} D．m^h-1

38．对二叉树的结点从 1 开始进行连续编号,要求每个结点的编号大于其左、右孩子

的编号,同一结点的左右孩子中,其左孩子的编号小于其右孩子的编号,可采用(　　)遍历实现编号。

  A. 先序   B. 中序
  C. 后序   D. 从根开始按层次

39. 已知某二叉树的后序遍历序列是 dabec,中序遍历序列是 debac,它的前序遍历是(　　)。

  A. acbed   B. decab   C. deabc   D. cedba

40. 在一棵深度为 h 的完全二叉树中,所含结点的个数不小于(　　)。

  A. $2h$ B. $2h+1$ C. $h-1$ D. $2h-1$

41. 不含任何结点的空树(　　)。

  A. 是一棵树   B. 是一棵二叉树
  C. 是一棵树也是一棵二叉树   D. 既不是树也不是二叉树

42. 把一棵树转换为二叉树后,这棵二叉树的形态是(　　)。

  A. 唯一的   B. 有多种
  C. 有多种,但根结点都没有左孩子   D. 有多种,但根结点都没有右孩子

12.2 填空题

1. 数据结构是一门研究非数值计算的程序设计问题中计算机的_____以及它们之间的_____和运算等的学科。

2. 数据结构的三个要素是_____、_____和_____。

3. 数据的存储结构被分为_____、_____、_____和_____四种。

4. 存储结构是逻辑结构的_____实现,其基本目标是建立数据的_____。

5. 线性结构中元素之间存在_____关系,树形结构中元素之间存在_____关系。

6. 在线性表的顺序存储中,元素之间的逻辑关系是通过_____决定的;在线性表的链接存储中,元素之间的逻辑关系是通过_____决定的。

7. 顺序表中第一个元素的存储地址是 100,每个元素的长度为 2,则第 5 个元素的存储地址是_____。

8. 可以仅由一个尾指针来唯一确定,即从尾指针出发能访问到链表上任何一个结点的链表有_____和_____。

9. 在一个带头结点的单循环链表中,p 指向尾结点的直接前驱,则指向头结点的指针 head 可用 p 表示为 head=_____。

10. 带头结点的双循环链表 L 中只有一个元素结点的条件是_____。

11. 带头结点的双链表为空的条件是_____。

12. 表达式求值是_____应用的一个典型例子。

13. 在进栈运算时,应先判别栈是否为_____;作退栈运算时,应先判别栈是否为_____。

14. 栈的运算主要有_____、_____、_____、_____、_____等几种。

15. 用 S 表示入栈操作，X 表示出栈操作，若元素入栈的顺序为 1234，为了得到 1342 出栈顺序，相应的 S 和 X 的操作串为_____。

16. _____是被限定为只能在表的一端进行插入运算，在表的另一端进行删除运算的线性表。

17. 顺序队列在实现的时候，通常将数组看成是一个首尾相连的环，这样做的目的是为了避免产生_____现象。

18. 循环队列用 data[1..n]存储数据，队头指针是 front，队尾指针是 rear，出入队元素均放在 x 中，则出队操作是_____，入队操作_____。

19. 树是 $n(n \geq 0)$结点的有限集合，在一棵非空树中，有_____个根结点，其余的结点分成 $m(m>0)$个_____的集合，每个集合都是根结点的子树。

20. 树在计算机内的表示方式有_____、_____和_____。

21. 一棵有 n 个结点的满二叉树有_____个度为 1 的结点，有_____个分支（非终端）结点和_____个叶子，该满二叉树的深度为_____。

22. 一棵完全二叉树有 999 个结点，它的深度为_____。

23. 有 n 个结点并且其高度为 n 的二叉树有_____个。

24. 含有 200 个结点的树有_____条分支。

25. 在一棵二叉树中，度为零的结点的个数为 N_0，度为 2 的结点的个数为 N_2，则有 $N_0 =$_____。

12.3 判断题

1. 算法和程序没有区别，在数据结构中二者是通用的。（   ）
2. 每种数据结构都应具备三种基本运算：插入、删除和搜索。（   ）
3. 顺序表结构适宜于进行顺序存取，而链表适宜于进行随机存取。（   ）
4. 线性表在顺序存储时，逻辑上相邻的元素未必在存储的物理位置次序上相邻。（   ）
5. 线性表采用链表存储后，线性表长度一定等于链表所有结点的个数。（   ）
6. 链表的删除算法很简单，因为当删除链中某个结点后，计算机会自动地将后续的各个单元向前移动。（   ）
7. 线性表的每个结点只能是一个简单类型，而链表的每个结点可以是一个复杂类型。（   ）
8. 循环链表不是线性表。（   ）
9. 在具有头结点的链式存储结构中，头指针指向链表中的第一个数据结点。（   ）
10. 如果单链表带有头结点，则插入操作永远不会改变头结点指针的值。（   ）
11. 空栈没有栈顶指针。（   ）
12. 对于不同的使用者，一个表结构既可以是栈，也可以是队列，也可以是线性表。（   ）

13. 两个栈共享一片连续内存空间时,为提高内存利用率,减少溢出机会,应把两个栈的栈底分别设在这片内存空间的两端。(   )

14. 在链队列中,即使不设置尾指针也能进行入队操作。(   )

15. 双循环链表中,任一结点的前趋指针均不空。(   )

16. 由二叉树的前序和后序遍历序列不能唯一地确定这棵二叉树。(   )

17. 完全二叉树的某结点若无左孩子,则它必是叶结点。(   )

18. 存在这样的二叉树,对它采用任何次序的遍历,结果相同。(   )

19. 二叉树是一般树的特殊情形。(   )

20. 树最适合用来表示元素之间具有分支层次关系的数据。(   )

12.4 名词解释

1. 数据结构
2. 逻辑结构
3. 物理结构
4. 树
5. 二叉树
6. 满二叉树
7. 完全二叉树
8. 队列
9. 栈
10. 链表
11. 树的度
12. 遍历二叉树(先根/中根/后根)

12.5 程序阅读题

1. 简述以下算法的功能。

```
1    status A(linkedist L){
2        //L是无表头结点的单链表
3        if (L&& L->next){
4            Q=L;
5            L=L->next;
6            P=L;
7            while (P->next)
8                P=P->next;
9            P->next=Q;
10           Q->next=NULL;
11       }
```

```
12        return ok;
13    }//A
```

2. 写出下列程序段的输出结果(假设此栈中元素的类型是 char)。

```
1     int main ( ){
2         stack s;
3         char x,y;
4         InitStack(a);
5         x='L',y='O';
6         push (s,x);
7         push (s,x);
8         push(s,y);
9         push(s,x);
10        push(s,'E');
11        push(s,x);
12        pop(s,x);
13        push(s,'H');
14        while(!stackEmpty(a)){
15            pop(s,y);
16            printf(y);
17        }
18        printf(x);
19        return 0;
20    }
```

3. 简述以下算法的功能(栈和队列的元素类型均为 int)。

```
1     void algo3(Queue &Q){
2       Stack S;
3       int d;
4       InitStack(S);
5       while(!QueueEmpty(Q)){
6           DeQueue (Q,d);
7           Push(S,d);
8       };
9       while(!StackEmpty(S)){
10          Pop(S,d);
11          EnQueue (Q,d);
12      }
13    }
```

12.6 程序填空题

1. 以下为单链表的建表算法,请填空完善程序。

```
1    lklist create_lklist(){
```

```
2        head=malloc(size);
3        p=head;
4        scanf ("%f",&x);
5        while(x!='$'){
6           q=malloc(size);
7           q->data=x;
8           p->next=q;
9           ①_____;
10          scanf("%f",&x);
11       }
12       ②_____;
13       return(head);
14   }
```

2. 以下为单链表删除运算，请完善程序。

```
1   void delete_lkist(lklist head,int i){
2       p=find_lkist(head,i-1);          //查找并把 p 指向第 i-1 个结点
3       if (①_____){
4           q=②_____;
5           p->next=q->next;
6           free(q);
7       }else
8           error("不存在第 i 个结点");
9   }
```

3. 下面是用 C 语言编写的对不带头结点的单链表进行就地逆置的算法，该算法用 L 返回逆置后的链表的头指针，试在空白处填入适当的语句。

```
1   void reverse(linklist &L){
2       p=NULL;
3       q=L;
4       while(q!=NULL){
5           ①_____;
6           q->next=p;
7           p=q;
8           ②_____;
9       }
10      ③_____;
11  }
```

4. 对单链表中元素按插入方法排序的 C 语言描述算法如下，其中 L 为链表头结点指针。请填充算法中标出的空白处，完成其功能。

```
1   typedef struct node{
2       int data;
```

```
3        struct node * next;
4    }linknode, * link;
5    void Insertsort(link L){
6        link p,q,r,u;
7        p=L->next;
8        ①_____;
9        while(②_____){
10           r=L;
11           q=L->next;
12           while(③_____&&q->data<=p->data){
13               r=q;
14               q=q->next;
15           }
16           u=p->next;
17           ④_____;
18           ⑤_____;
19           p=u;
20       }
21   }
```

12.7 程序设计题

1. 设线性表存放在向量 A[arrsize] 的前 elenum 个分量中且递增有序,试写一算法将 x 插入到线性表的适当位置,以保持线性表的有序性。

2. 已知带头结点的动态单链表 L 中的结点是按整数值递增排列的,试写一算法将值 x 为的结点插入到表 L 中,使 L 仍然有序。

3. 在长度大于 1 的单循环链表 L 中,既无头结点也无头指针。s 为指向链表中某个结点的指针,试编写算法删除结点 *s 的直接前趋结点。

4. 请编写 26 个字母按特定字母值插入或删除的完整程序,可自行选用顺序存储或链表结构。

5. 编写递归算法,计算二叉树中叶子结点的数目。

6. 写出求二叉树深度的算法,先定义二叉树的抽象数据类型。

7. 编写按层次顺序(同一层自左至右)遍历二叉树的算法。

8. 编写算法判别给定二叉树是否为完全二叉树。

附录A 参考答案

第1章

1.1 选择题

1. B 2. C 3. A 4. A 5. C 6. D 7. B 8. A 9. D 10. D
11. A 12. A 13. C 14. C 15. C 16. B 17. D 18. D 19. D 20. D
21. D 22. B 23. D 24. A 25. B 26. D 27. C 28. D 29. C 30. B
31. C 32. C 33. C 34. A 35. B 36. A 37. B 38. B 39. D 40. D

1.2 填空题

1. 8
2. 硬件系统,软件系统
3. 系统,应用,应用软件,系统软件(工具)
4. 汇编语言
5. main(或主)
6. 过程,对象

1.3 计算题

1. $[X]_{补}$ =11001100B,$[X]_{反}$ =11001011B。
2. (和)$_{补}$ =０１０１１１０１B,结果溢出。

1.4 简答题

1. 控制器、运算器、存储器、输入设备和输出设备
2. C、C++、Java、C♯、PHP、ASP、Pascal 等
3. 常用的有：自然语言、传统流程图、结构化流程图、伪代码、PAD 图等。
4. 主要特点有：
(1) 语言简洁、紧凑,使用方便、灵活；
(2) 运算符丰富；
(3) 数据结构丰富；
(4) 具有结构化的控制语句；

(5) 语法限制不太严格,程序设计自由度大;

(6) 允许直接访问内存物理地址,能进行位操作;

(7) 生成目标代码质量高,程序执行效率高;

(8) 移植性好。

5. 答:编译和运行一个 C 程序,在 Visual C++ 6.0 中需要经过如下的几个步骤:新建项目文件→新建源程序文件→输入与编辑源程序→对源程序进行编译→与库函数进行连接→运行与调试程序,当中每个步骤出现错误,都要重复这些步骤。

第 2 章

2.1 选择题

1. B 2. D 3. D 4. A 5. A 6. B 7. A 8. B 9. A 10. C
11. ① A ② C ③ D 12. A 13. D 14. A 15. D 16. A 17. B 18. C
19. A 20. D 21. B 22. B 23. B 24. C 25. D 26. A 27. B 28. D
29. B 30. B 31. C 32. B 33. B 34. C 35. C 36. A 37. B 38. D
39. B 40. A 41. C 42. B 43. A 44. B 45. B 46. C 47. A 48. B
49. A 50. C

2.2 填空题

1. $1,-128\sim127,2,-32768\sim32767,4,-2^{31}\sim2^{31}-1,4,10^{-37}\sim10^{38}$

2. sizeof << ^ & =

3. 10000010

4. a&0x20

5. s=low&0x00ff+high&0xff00

6. 88

7. 1

8. 160

9. 0

10. -3

11. y = (x<=-5)?2*x:(x<5)? 0:-7*x

12. (y%4==0&&y%100!=0)||(y%400==0)&&(y%100==0)

13. (x!=a&&y!=a)? a:(x!=b&&y!=b)?b:c

14. n<0 && n%2==0

15. b-a==c-b||c-a==b-c||a-b==c-a||c-b==a-c||a-c==b-a||b-c==a-b

2.3 简答题

1. 因为变量是一个存储单元,总是保存最近一次修改过的值。

2. 因为在内存中,字符数据以 ASCII 码存储,存储形式与整数的存储形式类似,从而使得字符型数据和整型数据之间可以通用,因此字符型数据可以进行数值运算。

3. short 类型变量在内存中占两个字节,且使用二进制补码形式存放数据,下面是 a 变量的内存数据形式:

a	0	1	1	1	1	1	1	1	1	1	1	1	1	1	1	1	32 767
a+1	1	0	0	0	0	0	0	0	0	0	0	0	0	0	0	0	−32 768

4. 在 C 语言中,浮点型数据有效数字的位数是有限的,超过有效数字的数字是无意义的,因此将一个很大的实数与一个很小的实数直接相加或相减,对于大实数的有效数字来说,小实数是无意义的。

5. 填写如下:

变量的类型	12345	−1	32769	−128	255	789
int 型(16 位)	3039	ffff	8001	ff80	ff	315
long 型(32 位)	3039	ffffffff	8001	ffffff80	ff	315
char 型(8 位)	39	ff	1	80	ff	15

6. 此处给出两个方法:(1)a+=b;b=a−b;a−=b;(2)a=a^b;b=a^b;a=a^b;。

第 3 章

3.1 选择题

1. B 2. B 3. A 4. D 5. D 6. C 7. A 8. C 9. D 10. D
11. C 12. A 13. C 14. D 15. C 16. C 17. C 18. B 19. B 20. B
21. A 22. D 23. A 24. D 25. B 26. D 27. A 28. B 29. D 30. A
31. C 32. B 33. C 34. C 35. B 36. A 37. A 38. A 39. D 40. C
41. D 42. D 43. B 44. B 45. B 46. B 47. A 48. B 49. D 50. A
51. B 52. C 53. B 54. C 55. B

3.2 填空题

1. 控制语句,函数调用语句,表达式语句,空语句,复合语句,9
2. { }
3. 函数
4. #include <stdio.h>
5. break
6. while,do-while,for
7. do-while
8. 无限多
9. do-while

10. for 语句

3.3 判断题

1. T   2. T   3. T   4. F   5. F   6. T   7. F   8. T   9. T   10. T
11. F   12. F   13. F   14. T

3.4 程序阅读题

1. a＝3 ␣ b＝7 ␣ 8.5 ␣ 71.82A ␣ a
2. aa ␣ bb ␣␣␣ cc ␣␣␣␣␣ abc↙
   ␣␣␣␣␣␣ A ␣ N
3. ① a＝12345,b＝－2.0e+02 ␣␣ ,c＝ ␣␣ 6.50
   ② a＝12345,b＝－1.98e+002,c＝ ␣␣ 6.50
4. 12
5. 10 ␣ 30 ␣ 0
6. －4
7. i＝6,k＝4
8. 5523
9. 36
10. 3 1 －1
11. 28 70
12. 10101
13. 2,3
14. x＝40
15. 104

3.5 程序填空题

1. ① 6.6
2. ① ％o
3. ① printf("a＝％d,b＝％d",a,b);
4. ① x＝％ld,y1＝％.2e,y2＝％4.2f
5. ① ％f％f％f   ② a+b＞c&&a+c＞b&&b+c＞a
6. ① score＞=0 && score＜=100   ② score/10   ③ break
7. ① x＜0   ② x/10   ③ y!＝－2
8. ① m   ② n   ③ w％n
9. ① (cx＝getchar())   ② front!＝'␣'   ③ '␣'
10. ① t＞＝eps   ② t＊n/(2.0＊n+1)
    ③ printf("％f\n",s＊2.0)
11. ① m   ② gbs％n!＝0   ③ m＊n/gbs

12. ① float s=0　② k*k　③ 1.0/k
13. ① i+t*10　② s+t
14. ① m=n　② m 或 m>0　③ m=m/10
15. ① m%5==0
16. ① #include <math.h>　② scanf("%d",&m)　③ m%i==0
    ④ i>sqrt(m)
17. ① ch=ch+1　② printf("\n")
18. ① a=0;a<9　② c*100+b*10+a　③ n

3.6　程序设计题

略。

第 4 章

4.1　选择题

1. B　2. D　3. B　4. D　5. D　6. D　7. B　8. D　9. B　10. D
11. A　12. B　13. B　14. B　15. D　16. A　17. A　18. D　19. D　20. C
21. A　22. C　23. B　24. D　25. C　26. C　27. B　28. C　29. C　30. C
31. D　32. A　33. B　34. B　35. D　36. D　37. B　38. A　39. D　40. B
41. D　42. D　43. B　44. D　45. B

4.2　填空题

1. 整型 或 int

2. return

3. 不返回值

4. 9

5. 2

6. 3

7. 值传递,地址传递

8. 值传递

9. fun(a,4)+fun(b,4)−fun(a+b,3);

10. void dothat(int,double);, void dothat(int n,double x);

11. 嵌套,递归

12. 10

13. 1.0/(i*i)

14. 局部变量,全局变量,动态存储变量,静态存储变量

15. auto,static,register,extern

16. auto

17. 静态 或 static
18. 源程序文件
19. static
20. 编译阶段,运行阶段

4.3 判断题

1. F 2. F 3. T 4. F 5. F

4.4 程序阅读题

1. 打印出所有"水仙花数"
2. －125＝－5＊5＊5
3. 32↙
4. i＝5↙
   i＝2↙
   i＝2↙
   i＝0↙
   i＝2↙
5. 10
6. 4,3,7
7. 5
8. SUM＝55
9. gcd＝12
10. 8,17
11. 100,400,100,200
12. a＝5 b＝15

4.5 程序修改题

1. 第1行：int add(int a,int b)
2. 第1行：double fun(int m)
   第4行：for(i＝100;i≤m;i＋＝100)
3. 第5行：d％2＝＝0
   第9行：s/＝10;

4.6 程序填空题

1. ① float fun(float a,float b)   ② x＋y,x－y   ③ z＋y,z－y
2. ① int m   ② m％i＝＝0
3. ① unsigned int   ② num％10   ③ return k
4. ① x＊x＋1   ② x

5. ① a=1.0,b=1.0,s=1.0   ② return s
6. ① double fun

4.7 程序设计题

略。

第 5 章

5.1 选择题

1. C 2. C 3. D 4. D 5. C 6. D 7. D 8. B 9. D 10. A
11. B 12. C 13. A 14. C 15. C 16. C 17. D 18. A 19. B 20. A

5.2 判断题

1. F 2. T 3. T 4. F 5. T 6. F 7. F 8. F 9. T 10. T

5.3 程序阅读题

1. 81
2. 123456
3. 2
4. 12
5. 12.3,12.35
6. 25
7. 7␣16␣10
8. 20/10=2
9. 2

5.4 程序设计题

略。

第 6 章

6.1 选择题

1. D 2. B 3. D 4. B 5. C 6. C 7. B 8. C 9. B 10. D
11. D 12. A 13. A 14. D 15. D 16. C 17. A 18. B 19. B 20. D
21. B 22. D 23. A 24. B 25. D 26. A 27. A 28. B 29. A 30. D
31. A 32. C 33. B 34. C 35. A 36. A

6.2 填空题

1. 0,数据类型

2. 按行顺序存放,先存放第一行的元素,再存放第二行的元素

3. 一维

4. 0,6

5. 2,4

6. '\0',1

7. 8

8. 8 10

9. gets(S1);

10. strcpy(S2,S1);

11. ♯include <string.h>,♯include <stdio.h>

12. ♯include <ctype.h>

13. windows9x

14. he

15. Hello

16. 7 2

6.3 程序阅读题

1. 1 ␣ 3 ␣ 7 ␣ 15

2. 1236

3. 75310246

4. ␣1␣0␣0␣0␣0↙
   ␣0␣1␣0␣0␣0↙
   ␣0␣0␣1␣0␣0↙
   ␣0␣0␣0␣1␣0↙
   ␣0␣0␣0␣0␣1↙

5. 92

6. 4

7. ␣␣1↙
   ␣␣2␣␣1↙
   ␣␣3␣␣2␣␣1↙
   ␣␣4␣␣3␣␣2␣␣1↙

8. ␣␣␣1␣␣10↙
   ␣␣␣␣6␣−4↙
   ␣␣␣1␣␣␣4↙
   ␣␣␣−9␣␣−2↙

9. bcdea

10. AzyD

11. S**B*

12. 9876
13. abcbcc
14. 2.5␣7.5␣7.5␣7.5
15. a＊b＊c＊d＊
16. 1␣2␣3␣8␣7␣6␣5␣4␣9␣10
17. 5
18. 34

6.4 程序修改题

1. 第 4 行：for(i=0;i<3;i++)scanf("%d",&a[i])；
   第 5 行：for(i=0;i<3;i++)printf("%d",a[i])；
2. 第 4 行：scanf("%d,%d,%d",&a[0],&a[1],&a[2])；
3. 第 8 行：if(a[p]>a[i]) p=i；
4. 第 7 行：for(i=0;i<s1;i++) t[i]=s[sl-i-1]；
   第 9 行：t[sl+i]='\0';puts(t)；
5. 第 6 行：for(i=0;str[i];i++)
   第 8 行：if(substr[k+1]=='\0')
6. 第 7 行：case 'a'：case 'A'：i=0;break；
   第 8 行：case 'e'：case 'E'：i=1;break；
   第 9 行：case 'i'：case 'I'：i=2;break；
   第 10 行：case 'o'：case 'O'：i=3;break；

6.5 程序填空题

1. ① n％base   ② n/base   ③ j=i;j>=1;j--
2. ① j=i   ② k=i   ③ a[j]=max,a[k]=min
3. ① a[i]=a[j]   ② j--
4. ① a[i]>b[j]   ② i<3   ③ j<5
5. ① a[9]=x   ② i<9
6. ① i-1   ② a[j+1]=a[j]   ③ a[j+1]
7. ① s=0   ② a[i][k]＊b[k][j] ③ printf("\n")
8. ① b[i][j+1]=a[i][j] ② i=0;i<2;i++ ③ printf("\n")
9. ① 1   ② a[m-1][n]   ③ printf("\n")
10. ① 0   ② p=j   ③ x[i][p]
11. ① strlen(t)   ② t[k]==c
12. ① b[j]!='\0' ② a[i]='\0'
13. ① x2=mid-1   ② x1=mid+1
14. ① j<=i   ② a[i][j]=a[j][i]
15. ① a[0][i]   ② b[i][0]

6.6 程序设计题

略。

第 7 章

7.1 选择题

1. B 2. B 3. D 4. D 5. A 6. D 7. A 8. C 9. D 10. D
11. B 12. D 13. D 14. D 15. C 16. A 17. C 18. D 19. D 20. B
21. A 22. D 23. A 24. D 25. C 26. D 27. C 28. D 29. C 30. C
31. B 32. C 33. A 34. D 35. B 36. B 37. C 38. A 39. C 40. B
41. C 42. A 43. C 44. C 45. C 46. B 47. C 48. D 49. B 50. C
51. D 52. A 53. C 54. B 55. D 56. D 57. D 58. C 59. C 60. B
61. A 62. B 63. B 64. B 65. A 66. C 67. B 68. C 69. C 70. D
71. B 72. C 73. D 74. C 75. D 76. C 77. A 78. A

7.2 填空题

1. 地址,空或'\0'或 0 或 NULL
2. 0
3. 地址常量
4. a[0],a[3]
5. p[5]或 *(p+5)
6. 12,12
7. p[1][2]或 *(p+1)[2] 或 *(*(p+1)+2)
8. 10
9. 9x
10. void func(int x,int y,int * z)
11. void(* p)()或 void(* p)(int * ,int *)
12. 地址
13. 3
14. p=(double *)malloc(sizeof(double))
15. st=(char *)malloc(11) 或 (char *)malloc(sizeof(char) * 11);

7.3 程序阅读题

1. 将输入的字符串自 m 开始复制到一个字符数组中。
2. efgh
3. 3
4. 6

5. 976531
6. －2,fun函数的作用是比较两个字符串的大小。
7. afternoon ↙
   evening ↙
   morning ↙
   night ↙
8. gfedcba
9. abcdefglkjih
10. 4,3,8,9
11. 8162
12. 5 ␣ 3 ␣ 5 ␣ 3
13. 4
14. Java ↙
    dBase ↙
    CLanguage
    Pascal
15. 39

7.4 程序填空题

1. ① *p   ② *p－'0'   ③ j－
2. ① *pk＝i   ② a,n,i＋1,pk
3. ① a[row][col]＞＝max   ② min＞＝max
4. ① －1   ② *sn
5. ① a＋1   ② n%10＋'0'
6. ① s1＋＋   ② *s2
7. ① i＜strlen(str)   ② j＝i   ③ k
8. ① p＝a   ② p[i][j]或*(p＋i)[j]或*(*(p＋i)＋j)
9. ① str＋strlen(str)－1   ② !t 或 t＝＝0   ③ huiwen(str)
10. ① row   ② a[row][colum]

7.5 程序设计题

略。

第 8 章

8.1 选择题

1. C   2. D   3. D   4. D   5. A   6. A   7. D   8. D   9. B   10. C
11. B 12. D 13. D 14. D 15. C 16. A 17. B 18. D 19. C 20. C

21. C 22. C 23. C 24. C 25. A 26. A 27. C 28. A 29. D 30. D
31. B 32. C 33. D 34. B 35. C 36. B 37. C 38. A

8.2 填空题

1. 结构体,数组,结构体
2. 点(.),指向(—>)
3. 两者 struct 类型相同
4. 9,6.0
5. p—>no＝1234;
6. 9
7. 0
8. typedef

8.3 程序阅读题

1. 给输入的时间增加一秒
2. Lilei␣40␣2000
3. 20041␣703
4. LiHua:18↵
　　WangXin:25↵
　　LiuGuo:21↵
5. 580␣550
6. SunDan␣20042
7. 2041␣2044
8. 1234↵
　　12↵
　　34↵
　　12ff↵
9. 12,18,18
10. 2002Shangxian

8.4 程序填空题

1. ① struct comp　　② x.re＋y.re　　③ x.im＋y.im
2. ① b[2][5]　　② a[i]

8.5 程序设计题

略。

第 9 章

9.1 选择题

1. A 2. A 3. B 4. B 5. D 6. C 7. B 8. B 9. ① C ② A ③ B
10. A 11. D 12. D 13. B 14. A

9.2 填空题

1. 为了运算方便
2. p－＞next＝＝NULL
3. U＝L－＞next；，L→next＝U－＞next；，free(U)
4. L－＞next
5. 其直接前驱结点的链域的值
6. 前驱结点的地址
7. head－－＞next＝＝NULL
8. s－＞prior＝p；s－＞next－＞prior＝s；p－＞next＝s；

9.3 判断题

1. T 2. F 3. F 4. F 5. F 6. T

9.4 程序阅读题

1. 13431
2. 4

9.5 程序填空题

1. ① return h ② p1－＞next
   ③ n＝＝p1－＞num ④ p2－＞next＝p1－＞next
2. ① scanf("％s％d",p2－＞name,＆p2－＞cj) ② p1＝p2 ③ return h
3. ① p！＝NULL ② p－＞next

9.6 程序设计题

略。

第 10 章

10.1 选择题

1. D 2. A 3. B 4. C 5. D 6. D 7. C 8. B 9. B 10. A
11. A 12. B 13. C 14. C 15. C 16. A 17. C 18. D 19. A 20. A
21. A 22. B 23. B 24. D 25. A 26. D

10.2 填空题

1. 随机,顺序
2. fopen,fclose
3. fprintf,fscanf,feof
4. fwrite,fread,fputs,fgets
5. fseek(文件类型指针,-40,1);,fseek(文件类型指针,10,1);,fseek(文件类型指针,0,0);,fseek(文件类型指针,0,2);,ftell
6. ASCII,二进制
7. 真(非0),假(0)
8. 字符,流式
9. 字符
10. "rb+"
11. 末尾
12. 建立新文件
13. fopen
14. -1
15. abc

10.3 简答题

1. C语言有两种处理文件的方式：缓冲文件系统和非缓冲文件系统。缓冲文件系统是指系统自动地在内存区为每一个正在使用的文件开辟一个缓冲区，从内存向磁盘输出数据必须先送到内存中的缓冲区，装满缓冲区后才一起送到磁盘去。如果从磁盘向内存读入数据，则一次从磁盘文件中将一批数据输入到缓冲区中，然后再从缓冲区中逐个地读取数据。非缓冲文件系统是指系统不自动开辟确定大小的缓冲区，而由程序为每个文件设定缓冲区。

2. 文件指针是用来存放文件的相关信息（文件名、文件状态、当前文件位置等）的数据区的结构指针。

3. 通过使用文件打开函数，将使得的一个文件指针与具体的文件关联起来，进而可以通过文件指针来操作该文件；文件处理后需要关闭文件，它可以使得在缓冲区中的数据写到磁盘文件中，保证数据的正确性，同时也释放文件指针资源。

4. 首先建立一个文件指针，以 TT.EXE 文件名打开文件（按只读和二进制数据方式）；然后使用 fread 函数读入文件中的数据块，检查数据块中是否包含病毒特征码，若是则说明该文件已经感染病毒。全部数据检查完成后依然没有包含病毒特征码，则说明该文件没有感染病毒。

10.4 程序阅读题

1. 将文件 d1.dat 中的英文字母复制到文件 d2.dat 中

2. computer
3. Basican
4. 3
5. c

10.5 程序填空题

1. ① *fp, ② fp,i*sizeof(struct student_type),0 ③ &stud[i]
2. ① *fp1,*fp2, ② rewind(fp1) ③ fgetc(fp1),fp2
3. ① FILE *fp ② !feof(fp) ③ fclose(fp)
4. ① FILE *fp ② fgetc(fp)
5. ① FILE *fp ② fname ③ fp
6. ① FILE *te,*bi ② fputs(str,te)
   ③ fwrite(str,sizeof(str),1,bi)

10.6 程序设计题

略。

第11章

11.1 选择题

1. B 2. D 3. C 4. B 5. A 6. C 7. D 8. A 9. D 10. D
11. C 12. C 13. B 14. D 15. D 16. B 17. D 18. A 19. B 20. D
21. C 22. A

11.2 填空题

1. 算法
2. 时间代价
3. 递归
4. 时间,空间
5. 规模(或频度)

11.3 计算题

1. $O(mn)$
2. $O(\log_2 n)$
3. $O(n^2)$

11.4 简答题

1. 不一定。时间复杂度与样本个数 n 有关,是指最深层的执行语句耗费时间,而递归算法与非递归算法在最深层的语句执行上是没有区别的,循环的次数也没有太大差异。仅仅是确定循环是否继续的方式不同,递归用栈隐含循环次数,非递归用循环变量来显示循环次数而已。

2. 常用的算法设计方法有分治法、贪心法、动态规划法、回溯法等。算法分析是对一个算法需要多少计算时间和存储空间作定量的分析。分析算法可以预测这一算法适合在什么样的环境中有效地运行,对解决同一问题的不同算法的有效性作出比较。

3. 用堆排序或锦标赛排序最合适,因为不必等全部元素排完就能得到所需结果,时间效率为 $O(n\log 2n)$;若用冒泡排序则需时 $n!/(n-10)!$。

11.5 程序设计题

略。

第 12 章

12.1 选择题

1. D　2. A　3. C　4. C　5. B　6. C　7. D　8. C　9. B　10. C
11. B　12. D　13. C　14. B　15. D　16. D　17. C　18. B　19. C　20. B
21. B　22. B　23. C　24. D　25. A　26. B　27. A　28. B　29. B　30. B
31. B　32. C　33. A　34. B　35. C　36. B　37. A　38. C　39. D　40. D
41. C　42. A

12.2 填空题

1. 操作对象,关系

2. 逻辑结构,存储结构,操作

3. 顺序,链接,索引,散列

4. 存储,机内表示

5. 一对一,一对多

6. 位置,指针

7. 108(分析)第 5 个元素的存储地址＝第 1 个元素的存储地址＋(5－1)×2＝108

8. 双向链表,循环链表

9. p－>next－>next

10. L－>next－>next==L

11. head－－>next==NULL

12. 栈

13. 满,空

14. 入栈,出栈,取栈顶元素,判断栈空,销毁栈

15. SXSSXSXX

16. 队列

17. 假溢出

18. front=(front+1)%n; x=data[front]; ,rear=(rear+1)%n; data[rear]=x;

19. 有且仅有一个,互不相交

20. 双亲表示法,孩子表示法,孩子兄弟表示法

21. 0, ⌊n/2⌋, ⌊n/2⌋+1, ⌊log2n⌋+1

22. 10

23. 2n−1

24. 199

25. N_2+1

12.3 判断题

1. F   2. T   3. F   4. F   5. F   6. F   7. F   8. F   9. F   10. T
11. F   12. T   13. T   14. T   15. T   16. T   17. T   18. T   19. F   20. T

12.4 名词解释

1. 数据结构:数据结构是计算机存储、组织数据的方式。数据结构是指相互之间存在一种或多种特定关系的数据元素的集合。通常情况下,精心选择的数据结构可以带来更高的运行或者存储效率。数据结构往往同高效的检索算法和索引技术有关。

2. 逻辑结构:数据的逻辑结构是数据对象之间的抽象表现,是为了人们理解数据间关系的方法。有四种基本类型:集合结构、线性结构、树状结构和网络结构。表和树是最常用的两种高效数据结构,许多高效的算法可以用这两种数据结构来设计实现。表是线性结构的(全序关系),树(偏序或层次关系)和图(局部有序(weak/local orders))是非线性结构。

3. 物理结构:数据结构的物理结构是指逻辑结构的存储镜像(image)。数据结构 DS 的物理结构 P 对应于从 DS 的数据元素到存储区 M(维护着逻辑结构 S)的一个映射。

4. 树:树(tree)是 $n(n \geq 0)$ 个结点的有限集 T,T 为空时称为空树,否则它满足如下两个条件:

(1) 有且仅有一个特定的称为根(Root)的结点。

(2) 其余的结点可分为 $m(m \geq 0)$ 个互不相交的子集 $T_1, T_2, \cdots, T_m$,其中每个子集本身又是一棵树,并称其为根的子树(subree)。

5. 树的递归定义刻画了树的固有特性:一棵非空树是由若干棵子树构成的,而子树又可由若干棵更小的子树构成。

6. 二叉树:二叉树 T 是有限个结点的集合,它或者是空集,或者由一个根结点 u 以及分别称为左子树和右子树的两棵互不相交的二叉树 u(1) 和 u(2) 组成。它的特点是每个结点至多只有两棵子树(即二叉树中不存在度大于 2 的结点),并且,二叉树的子树有左右之分,其次序不能任意颠倒。

7. 满二叉树:除了叶结点外每一个结点都有左右子树且叶结点都处在最底层的二叉树,或一棵深度(高度)为 h 且有 $2h-1$ 个结点的二叉树。

8. 完全二叉树：若设二叉树的高度为 h，除第 h 层外，其他各层（$1\sim h-1$）的结点数都达到最大个数，第 h 层所有的结点都连续集中在最左边，这就是完全二叉树。

9. 队列：一种特殊的线性表，它只允许在表的前端(front)进行删除操作，而在表的后端(rear)进行插入操作。进行插入操作的端称为队尾，进行删除操作的端称为队头。队列中没有元素时，称为空队列。

10. 栈：是只能在某一端插入和删除的特殊线性表。它按照后进先出的原则存储数据，先进入的数据被压入栈底，最后的数据在栈顶，需要读数据的时候从栈顶开始弹出数据（最后一个数据被第一个读出来）。不含元素的空表称为空栈。

11. 链表：是一种物理存储单元上非连续、非顺序的存储结构，数据元素的逻辑顺序是通过链表中的指针链接次序实现的。链表由一系列结点(链表中每一个元素称为结点)组成，结点可以在运行时动态生成。每个结点包括两个部分：一个是存储数据元素的数据域，另一个是存储下一个结点地址的指针域。

12. 树的度：组成该树各结点中最大的度作为该树的度。

13. 遍历二叉树(先根/中根/后根)：又称为周游二叉树，是指按某种规则对二叉树中的每个结点访问一次；先根：首先访问根结点，然后先序遍历左子树，最后先序遍历右子树。中根：首先中序遍历左子树，然后访问根结点，最后按中序遍历右子树。后根：首先按后序遍历左子树，然后按后序遍历右子树，最后访问根结点。

12.5 程序阅读题

1. 本程序实现的功能就是：如果 L 的长度不小于 2，则将首元结点删去并插入到末尾。

2. 输出结果是 HELOLL。

3. 该算法的功能是：利用堆栈做辅助，将队列中的数据元素进行逆置。

12.6 程序填空题

1. ① p=q ② p->next=NULL
2. ① (p!=NULL)&&(p->next!=NULL) ② p->next
3. ① L=L->next ② q=L ③ L=p
4. ① L->next=NULL ② p!=NULL ③ q!=NULL
   ④ p->next=q ⑤ r->next=p

12.7 程序设计题

略。

参 考 文 献

[1] 姜学锋,等.C语言程序设计习题集.西安:西北工业大学出版社,2007.
[2] Michael Vine.C Programming for the Absolute Beginner. 2nd Ed. Course Technology PTR,2007.
[3] 谭浩强,等.C程序设计试题汇编.北京:清华大学出版社,2006.
[4] 教育部考试中心组编.全国计算机等级考试二级教程——C语言程序设计.北京:高等教育出版社,2008.
[5] 考试研究中心.全国计算机等级考试考试要点·题解·上机与模拟试题——二级C语言程序设计.北京:中科多媒体电子出版社,2003.
[6] 陈朔鹰,陈英.C语言程序设计习题集(第2版).北京:人民邮电出版社,2003.
[7] 王曙燕.C语言程序设计习题与实验指导.北京:科学出版社,2006.
[8] 冯舜玺,译.数据结构与算法分析:C语言描述.北京:机械工业出版社,2004.
[9] 邹恒明.算法之道.北京:机械工业出版社,2010.
[10] 严蔚敏,吴伟民.数据结构(C语言版).北京:清华大学出版社,2007.
[11] 李建中,等.数据结构(C语言版).北京:机械工业出版社,2006.
[12] 李春葆.数据结构(C语言篇)——习题与解析(修订版).北京:清华大学出版社,2002.
[13] 徐士良.常用算法程序集(C语言描述)第三版.北京:清华大学出版社,2004.

大学计算机基础教育规划教材

近 期 书 目

- 大学计算机基础(第 4 版)("国家精品课程"、"高等教育国家级教学成果奖"配套教材、普通高等教育"十一五"国家级规划教材)
- 大学计算机基础实验指导书("国家精品课程"、"高等教育国家级教学成果奖"配套教材)
- 大学计算机应用基础(第 2 版)("国家精品课程"、"高等教育国家级教学成果奖"配套教材、教育部普通高等教育精品教材、普通高等教育"十一五"国家级规划教材)
- 大学计算机应用基础实验指导("国家精品课程"、"高等教育国家级教学成果奖"配套教材)
- 计算机程序设计基础——精讲多练 C/C++ 语言("国家精品课程"、"高等教育国家级教学成果奖"配套教材、教育部普通高等教育精品教材、普通高等教育"十一五"国家级规划教材)
- C/C++ 语言程序设计案例教程("国家精品课程"、"高等教育国家级教学成果奖"配套教材)
- C 程序设计("陕西省精品课程"主讲教材、陕西普通高校优秀教材一等奖)
- C++ 程序设计
- C# 程序设计
- Visual Basic 2005 程序设计("国家精品课程"、"高等教育国家级教学成果奖"配套教材、普通高等教育"十一五"国家级规划教材)
- Visual Basic 程序设计语言
- Java 语言程序设计基础(第 2 版)(普通高等教育"十一五"国家级规划教材)
- Java 语言应用开发基础(普通高等教育"十一五"国家级规划教材)
- 微机原理及接口技术(第 2 版)
- 单片机及嵌入式系统(第 2 版)
- 数据库技术及应用——Access
- SQL Server 数据库应用教程(第 2 版)(普通高等教育"十一五"国家级规划教材)
- Visual FoxPro 8.0 程序设计
- 多媒体技术及应用("高等教育国家级教学成果奖"配套教材、普通高等教育"十一五"国家级规划教材)
- 多媒体文化基础(北京市高等教育精品教材立项项目)
- 网络应用基础("高等教育国家级教学成果奖"配套教材)
- 计算机网络技术及应用(第 2 版)
- 计算机网络基本原理与 Internet 实践
- 可视化计算("高等教育国家级教学成果奖"配套教材)
- Web 应用程序设计基础(第 2 版)
- Web 标准网页设计与 ASP
- MATLAB 基础教程